建筑

国家『双高计划』建筑钢结构工程技术专业群成果教材
高等职业教育土建类『十四五』系列教材

建筑装饰制图与识图

JIANZHU ZHUANGSHI ZHITU YU SHITU

主编 张爽 崔现强

副主编 熊熙 许泽恒 皮政芳

郭丽丽 李班 余菊

U0279019

电子课件
（仅限教师）

华中科技大学出版社
http://press.hust.edu.cn
中国·武汉

图书在版编目（CIP）数据

建筑装饰制图与识图 / 张爽，崔现强主编 .—武汉：华中科技大学出版社，2023.10
ISBN 978-7-5680-9577-8

Ⅰ.①建…　Ⅱ.①张…②崔…　Ⅲ.①建筑装饰—建筑制图—高等学校—教材②建筑装饰—建筑制图—识别—高等学校—教材　Ⅳ.①TU238

中国国家版本馆 CIP 数据核字（2023）第 220766 号

建筑装饰制图与识图
Jianzhu Zhuangshi Zhitu yu Shitu
　　　　　　　　　　　　　　　　　　　　　张爽　崔现强　主编

策划编辑：康　序
责任编辑：刘姝甜
封面设计：抱　子
责任监印：朱　玢
出版发行：华中科技大学出版社（中国·武汉）　　　电话：（027）81321913
　　　　　武汉市东湖新技术开发区华工科技园　　　邮编：430223
录　　排：武汉创易图文工作室
印　　刷：武汉市洪林印务有限公司
开　　本：787 mm×1092 mm　1/16
印　　张：11.25
字　　数：298 千字
版　　次：2023 年 10 月第 1 版第 1 次印刷
定　　价：58.00 元

本教材按照课程教学标准的要求,参阅《建筑制图标准》(GB/T 50104—2010)以及编者收集整理的建筑装饰有关的资料等,结合高等职业院校建筑装饰专业的培养目标和教学大纲,围绕制图基础、三视图投影原理、施工图识读与绘制三方面内容,依照工程实践编写而成。本教材由浅入深、由简到繁、系统地介绍了国家建筑制图标准,建筑构件及家具等的正投影图、轴测图和透视图的画法,住宅空间装饰施工图纸的识读与绘制方法,以及室内一点、两点透视画法等。

本教材具有较强的针对性、实用性和通读性,将思政教育元素融入教材内容建设中,包括课程思政元素、课程思政切入点、教学方法活动、课程思政目标等,通过基于教材的课程教学,润物无声地对学生的思想意识、行为举止进行培养。同时,本教材还编入了许多典型的工程实践案例,内容丰富,适合具备工程基础知识的工程技术人员及零基础的大中专院校学生学习,可用于高职高专院校建筑装饰、室内设计专业的课程教学,也适用于在职职工的岗位培训,亦可供即将走上工作岗位的学生以及建筑从业人士作参考之用。

本教材注重零基础读者学习与实践之间的匹配性,在形式上新颖活泼,在内容上精练简洁,学习目标明确,降低了零基础读者的理论学习难度,意在使立志从事建筑装饰设计、室内设计行业的设计人员、建筑从业人员有更适合的学习用书。

本教材由黄冈职业技术学院张爽和崔现强担任主编;黄冈职业技术学院建筑装饰专业教师郭丽丽,湖北玖誉房地产评估有限公司财务总监皮政芳,湖北迈腾建筑工程有限公司总经理郭学涛、财务总监樊祥,以及天门职业学院建筑装饰专业教师余菊,担任副主编。本教材编写工作分配为:郭丽丽、余菊编写绪论,张爽编写课题1"工程制图国家标准、规范"、课题2"投影的基础知识"、课题3"识读工程图"和课题4"透视原理"的知识点部分,崔现强编写课程思政内容部分(贯穿所有课题),皮政芳、郭学涛、樊祥共同负责课题3"识读工程图"内容审核。几位参编人员都有着多年装饰工程施工实践经验,对施工图的识读和绘制十分熟悉。本教材中的施工图例都源于湖北迈腾建筑工程有限公司本地在建一线工程案例。

为了方便教学,本书还配有电子课件等资料,任课教师可以发邮件至husttujian@163.com索取。由于编写时间及编者水平有限,教材中不足及疏漏之处在所难免,敬请广大读者批评指正。

编　者

2023 年 2 月

目录
Contents

中国隋代已有人使用按百分之一比例尺制作的图样和模型进行建筑设计。宋代《营造法式》一书,绘有精致的建筑平面图、立面图、轴测图和透视图等,可以说是中国最早的建筑制图著作。清代主持宫廷建筑设计的"样式雷"家族绘制的大量建筑图样,是中国古代建筑制图的珍品。1799年,法国数学家出版《画法几何》一书,奠定了工程制图的理论基础。之后又有《建筑阴影学》和《建筑透视学》等著作出现。《画法几何》《建筑阴影学》《建筑透视学》这三本著作确立了现今建筑制图的理论基础。

"建筑装饰制图与识图"是建筑类装饰装修和室内设计专业开设的一门专业基础应用技术课程,为了适应市场经济对人才的需求,该课程主要强调学生学习过程及能力的培养,符合高等职业教育课程教学改革的基本要求。

"建筑装饰制图与识图"课程学习目的主要是掌握建筑装饰工程施工图的基本知识和绘图技能,掌握一般民用建筑的构造原理及构造方法。教学内容选材以实用为主、够用为度,依据岗位需求和人才培养需求定位,工程图纸都来源于装饰公司真实案例,简单、易懂、实用,充分体现任务引领、实践导向的课程设计思想,转变了教材形式单一的局面,使教材内容不断丰富;随课题所附的作业注重基础巩固加拓展,促进了学生主体作用的发挥,为学生进一步学习建筑装饰设计、建筑装饰施工、建筑装饰概预算等课程和开展以后的工作打下基础且具有重要意义。

一、教学目标

(一)知识目标

(1)熟悉国家建筑制图标准、民用建筑设计通则;

(2)掌握建筑构件及家具等的正投影图、轴测图和透视图的画法;

(3)掌握住宅空间装饰施工图纸的识读与绘制方法;

(4)掌握室内一点透视、两点透视画法。

(二)能力目标

(1)掌握正投影法原理,能绘制和看懂中等复杂程度的建筑装饰图样;

(2)能运用形体分析、线面分析等方法,进行物体构形以及结构创新;

(3)能应用国家标准规定的各种表达方法准确表达建筑构件;

(4)能独立进行建筑方案评价,具备较好的空间想象、空间分析的能力;

(5)具备绘制装饰公司建筑方案图的能力。

(三)素质目标

(1)培养理解建筑类设计图和竣工图的标准、制图规范和图纸质量要求的职业素质;

(2)培养正确编制建筑设计类方案和施工图的职业素质;

(3)培养团队合作、沟通的能力,提高职业就业能力。

二、"建筑装饰制图与识图"课程思政

1."建筑装饰制图与识图"课程思政现状分析

"建筑装饰制图与识图"是建筑装饰专业开设的一门专业核心基础课程,围绕课程教学内容,结合装饰专业育人需求,可积极发掘弘扬工匠精神的思政元素,寻找课程与思政内容的融入点,精心设计教学内容,并通过开展灵活多样的教学活动,将课程内容与思政内容紧密联系,形成协同效应,达到润物无声的育人目标。

当前制图课专业教师部分思政意识不强,有些制图课程质量评价考核体系能兼顾到对学生专业知识理解以及实操运用的常规知识技能考核,却极少涉及学生在制图专业课程思政全过程学习中表现的认知、情感、态度、意识等价值观塑造考核评价,育人效果检验方式有待完善。

2."建筑装饰制图与识图"课程思政建设的着力点

(1)立足学生特点,完善新时代工匠精神课程思政内容。首先理清思想政治教育与专业学习之间的逻辑关系,在制图课程中挖掘以"国之大者"引领新时代工匠精神思政元素,构建以思想政治理论课为核心、贴合专业课程协同发力的高职课程思政体系,协调各课程间的衔接,层层分解学生成长需求,将工匠精神中的"专注、标准、精准、创新、完美、人本"等思政元素融入专业课课前、课中、课后、课程反思四部曲的教学设计中,紧扣工匠精神中的"家国情怀、时代风尚、工程伦理、自我成长"四个维度,逐步完成课程、教材、学生全面"思政"覆盖,构建出独具职业教育特色的课程思政内容,达到立德树人、协同育人的目标。

(2)将工匠精神思政元素有效融入教学设计中。深挖制图课程中的思政元素,在教材、教法上寻找创新和突破点,采用学生喜闻乐见又富有成效的课程教学模式,有效导入引人入胜的教学内容,真止"扎"进学生心里、脑子里,让他们学有所获、学有所感。比如每次上课前放映一份内容为学校建筑图片的PPT,课程结束后再放映一份内容为中外优秀建筑图片的PPT,一方面作为专业课课前课后赏析,另一方面展示校园文化,弘扬建筑中的工匠精神,为制图课程思政教学营造富含高密度当代工匠精神的"空气",同时,来自身边事物的专业案例的良好导入能更快地抓住学生的注意力,将思政教学内容与学生喜闻乐见的教学形式完美地结合起来,才能提升思政教学的魅力,激发学生的学习兴趣。

工程制图国家标准、规范

GONGCHENG ZHITU GUOJIA BIAOZHUN、GUIFAN

知识目标

熟悉建筑制图标准、民用建筑设计通则,了解制图基本知识,了解制图工具和仪器用法,掌握绘制室内设计工程图的一般规定。

能力目标

能应用国家标准规定的各种表达方法准确表达建筑构件,并能独立进行方案评价。

教学项目

制图规范。
制图基础。

课程内容

1.1 制图仪器、工具及其使用

1.2 基本制图标准(图幅、图框及标题栏,比例,图线,字体,尺寸标注,几何作图,徒手作图)

课程思政实施

课程思政元素:
工匠精神、标准。
课程思政切入点:
1.课前 PPT 展示插图。
2.设计师职业道德行为规范。
3.课后图片互动。
教学方法活动:
图片展示、问题导向。
课程思政目标:
1.培养学生以行业标准、岗位流程标准、技术标准、安全标准作为自己执业的最高标准的习惯。
2.促使学生坚持遵守国家法律法规和政策、一切按规矩办事的原则。
3.促使学生坚持公平、公正的原则,形成一切以国家和社会公众利益为先的思想。

1.1 制图仪器、工具及其使用

　　制图所用的工具和仪器有图板、丁字尺、三角板、铅笔、圆规、分规等。了解它们的性能，掌握正确的使用方法，并注意维护保养，才能提高绘图质量，加快绘图速度。（见图1-1至图1-6）

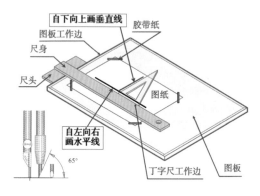

图1-1　图板等的使用

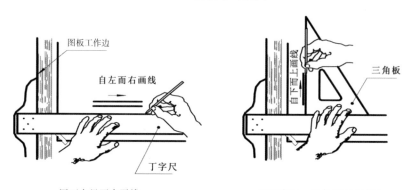

用丁字尺画水平线　　　　　　　　用丁字尺、三角板画垂直线

图1-2　丁字尺等的使用

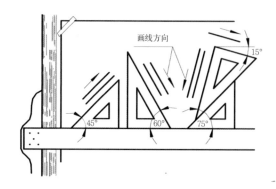

图1-3　三角板配合丁字尺的使用

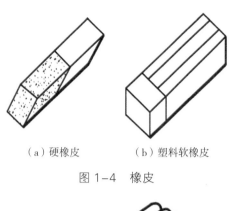

（a）硬橡皮　　　　（b）塑料软橡皮

图 1-4 橡皮

用橡皮擦拭图纸，会产生很多的橡皮屑，要用排笔及时地清除干净

图 1-5 排笔

铅笔的型号：B — HB — H

H表示硬芯铅笔，用于画底稿
B表示软芯铅笔，用于加深图线
HB表示中等软硬铅笔，用于注写文
字及加深图线等

图线宽度
削成铲形

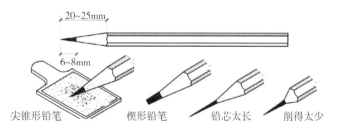

20~25mm

6~8mm

尖锥形铅笔　　　楔形铅笔　　　铅芯太长　　　削得太少

图 1-6 铅笔的使用

1.2 基本制图标准

图样是工程界的共同语言，为了使工程图样达到基本的统一，便于生产和技术交流，绘制工程图样必须遵守统一的规定。为了使制图规格、制图方法统一化，提高制图效率，满足设计、施工、生产、存档等要求，国家有关部门颁布了一系列有关制图的国家标准（简称"国标"或

"GB"),所有工程人员在设计、施工、管理过程中必须严格执行对应条例。

一、图幅、图框及标题栏

（一）图纸与幅面

1. 图纸的分类

图纸有绘图纸和描图纸两种。

（1）绘图纸：用于画铅笔图或墨线图，纸面洁白、质地坚实，并以橡皮擦拭不起毛、画墨线不洇为好。

（2）描图纸：也称硫酸纸，专门用于墨线笔或绘图笔等描绘作图，常盖在图样上描摹以复制图样。要求透明度好，表面平整挺括。

2. 图幅

图幅是指绘图时所采用的图纸幅面。图纸幅面是指图纸本身的大小规格。

图纸幅面常分5种：0号～4号，以A为代号。

（二）图框

图框是图纸上提供绘图的范围的边线，如图1-7所示。图纸的幅面和图框尺寸应符合图1-8所示的规定。

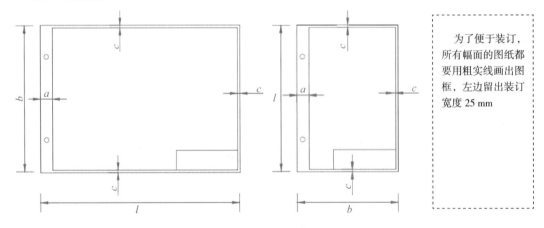

为了便于装订，所有幅面的图纸都要用粗实线画出图框，左边留出装订宽度25 mm

图 1-7　图框

幅面尺寸					单位: mm
幅面代号 尺寸代号	A0	A1	A2	A3	A4
$b \times l$	841×1189	594×841	420×594	297×420	210×297
c		10			5
a			25		

图 1-8　幅面尺寸

（三）标题栏

标题栏常画在图纸右下角。图纸的标题栏（简称图标）和会签栏的位置、尺寸及内容如图 1-9 至图 1-11 所示。

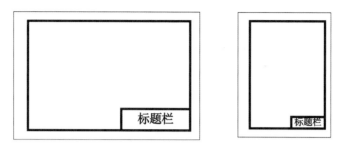

图 1-9　标题栏位置

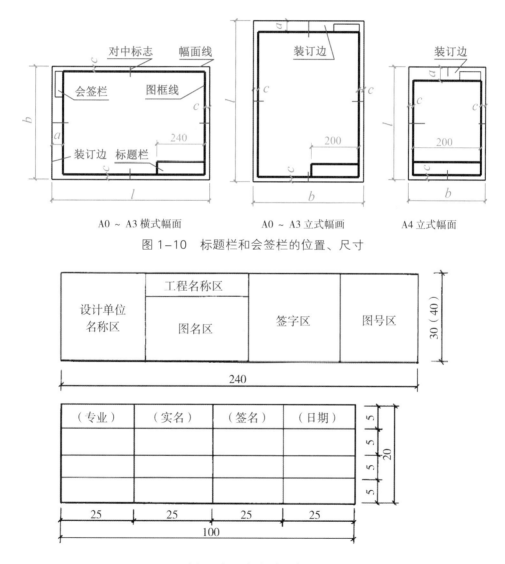

图 1-11　设计制图标题栏与会签栏（单位：mm）

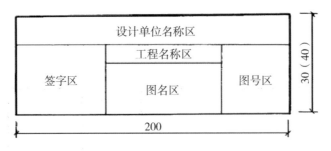

续图 1-11

(1)标题栏:用来填写设计单位、工程名称、图名、图纸编号、设计及审核人姓名等内容,也是一张图纸的概略介绍。

(2)会签栏:供各工种设计负责人签署姓名、日期用的表格。

(3)对中标志:使图样缩微复制时方便定位的标志。

学校制图作业标题栏可以按照图 1-12 的格式绘制。

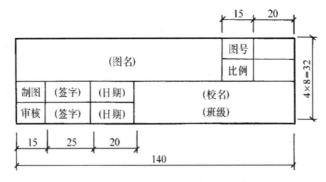

图 1-12 学校制图作业标题栏(单位:mm)

二、比例

比例是指图形与实物相对应的线性尺寸之比。工程图上必须注明比例。当整张图纸只用一种比例时,写在标题栏内;否则分别写在图名的右侧或下方。注意:不论用什么样的比例,图形上注写的数字都代表物体的实际尺寸。

绘图所用的比例如表 1-1 所示。

表 1-1 绘图所用的比例

常用比例	1:1、1:2、1:5、1:10、1:20、1:30、1:50、1:100、1:150、1:200、1:500、1:1000、1:2000
可用比例	1:3、1:15、1:25、1:40、1:60、1:250、1:300、1:400、1:600、1:1500、1:2500

三、图线

画在图纸上的线条统称图线。图线的宽度代号为 b,宜从 1.4 mm、1.0 mm、0.7 mm、0.5 mm、0.35 mm、0.25 mm、0.18 mm、0.13 mm 线宽系列中选取。

（一）图线的分类

（1）实线——表示实物的线。

（2）虚线——表示实物被遮挡或为辅助用线。

（3）点画线——物体中心线或轴线。

（4）双点画线：分为粗（b）、细（$0.25\,b$）等，为假想轮廓线等。

（5）折断线、波浪线：细（$0.25\,b$），为断开界线。

图线类型及用途见表 1-2。图线应用示例如图 1-13 所示。

表 1-2　图线类型及用途

名称		线型	线宽	一般用途
实线	粗	———	b	主要可见轮廓线
	中粗	———	$0.7\,b$	可见轮廓线
	中	———	$0.5\,b$	可见轮廓线、尺寸线、变更云线
	细	———	$0.25\,b$	图例填充线、家具线
虚线	粗	- - - - -	b	见各有关专业制图标准
	中粗	- - - - -	$0.7\,b$	不可见轮廓线
	中	- - - - -	$0.5\,b$	不可见轮廓线、图例线
	细	- - - - -	$0.25\,b$	图例填充线、家具线
单点长画线	粗	-·-·-·-	b	见各有关专业制图标准
	中	-·-·-·-	$0.5\,b$	见各有关专业制图标准
	细	-·-·-·-	$0.25\,b$	中心线、对称线、轴线等
双点长画线	粗	-··-··-	b	见各有关专业制图标准
	中	-··-··-	$0.5\,b$	见各有关专业制图标准
	细	-··-··-	$0.25\,b$	假想轮廓线、成型前原始轮廓线
折断线	细	～	$0.25\,b$	断开界线
波浪线	细	∼∼∼	$0.25\,b$	断开界线

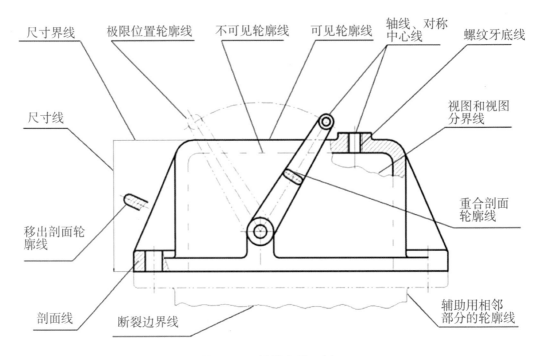

图 1–13   图线应用示例

(二)绘制图线注意事项

(1)同一张图纸上各种线型粗细要一致。

(2)二线相交应交于线段处,不得交于空隙处。

(3)虚线是实线的延长线时,应与实线留有空隙。

(4)折断线必须通过全部被折断的图形,并超出轮廓 3 ~ 5 mm,波浪线画到轮廓线为止。

(5)虚线、点画线的线段和间距应保持一致,并以线段结束。

(6)单点长画线或双点长画线,当在较小图形中绘制有困难时,用实线代替。

四、字体

汉字、数字、字母等字体的大小以字号来表示,字号就是字体的高度。

1. 汉字

工程图中汉字常为长仿宋字体,如图 1–14 所示。

长仿宋字体的字高与字宽的比例大约为 3 : 2(或 1 : 0.7)。

特点:笔画挺直,粗细一致,结构匀称,便于书写。

要领:横平竖直,起落有锋,填满方格,布格匀称。

常用长仿宋字体有 7 种大小,字高分别为 30 mm、20 mm、14 mm、10 mm、7 mm、5 mm 和

3.5 mm。

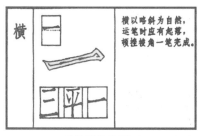

长仿宋体写法 1

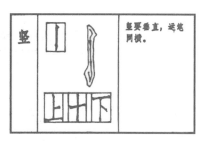

长仿宋体写法 2

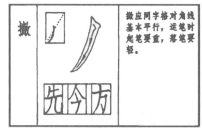

长仿宋体写法 3

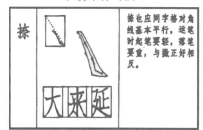

长仿宋体写法 4

长仿宋体写法 5

长仿宋体写法 6

工	业	民	用	建	筑	厂	房	屋	平	立	剖	面	详	图
结	构	施	说	明	比	例	尺	寸	长	宽	高	厚	砖	瓦
木	石	土	砂	浆	水	泥	钢	筋	混	凝	截	校	核	梯
门	窗	基	础	地	层	楼	板	梁	柱	墙	厕	浴	标	号
轴	材	料	设	备	标	号	节	点	东	南	西	北	校	核
制	审	定	日	期	一	二	三	四	五	六	七	八	九	十

图 1-14 长仿宋字体

2. 数字和字母

数字的写法如图 1-15 所示。工程图中数字分斜体和正体。

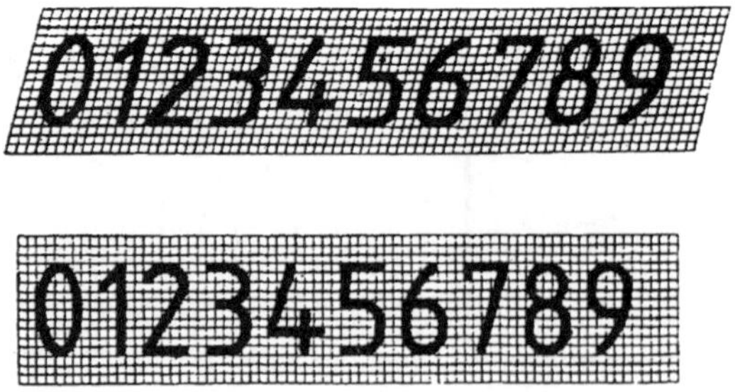

图 1-15 数字的写法

数字和字母字高规格：20 mm、14 mm、10 mm、7 mm、5 mm、3.5 mm、2.5 mm。

窄字体书写要求：小写字母高度是大写字母高度的 10 / 14，如图 1-16 所示。

一般字体书写要求：小写字母高度是大写字母高度的 7 / 10。

图 1-16 数字和字母的窄字体书写

五、尺寸标注

对于一个图样，仅仅画出它的形状是不够的，所注的尺寸数字才是物体各部分的实际大小及其相对位置的真实反映。标注尺寸要遵循国家标准规定的规则。

尺寸由尺寸界线、尺寸线、尺寸起止符号和尺寸数字组成，如图 1-17 所示。

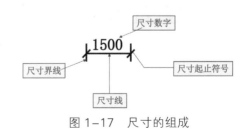

图 1-17 尺寸的组成

（1）尺寸线不宜超出尺寸界线。

（2）尺寸线与被注图形部位平行，相互平行的尺寸线间距为 7～10 mm。

（3）尺寸起止符号一般用中粗斜短线，长度宜为 2～3 mm。

（4）尺寸数字常位于尺寸线上方中部。

（5）尺寸线距图形最外围轮廓线不少于 10 mm。

尺寸注法及常用符号如图 1-18 至图 1-20 所示。

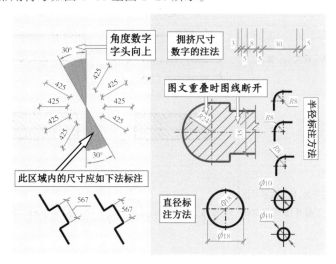

图 1-18 尺寸注法

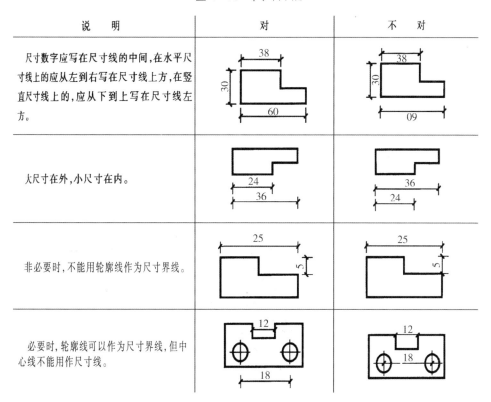

说　　明	对	不　　对
尺寸数字应写在尺寸线的中间，在水平尺寸线上的应从左到右写在尺寸线上方，在竖直尺寸线上的，应从下到上写在尺寸线左方。		
大尺寸在外，小尺寸在内。		
非必要时，不能用轮廓线作为尺寸界线。		
必要时，轮廓线可以作为尺寸界线，但中心线不能用作尺寸线。		

图 1-19 尺寸注法对比

说　明	对	不　对
尺寸线倾斜时数字的方向应便于阅读,尽量避免在30°斜线范围内注写尺寸。	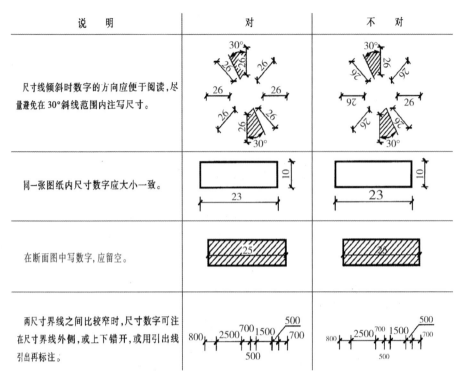	
同一张图纸内尺寸数字应大小一致。		
在断面图中写数字,应留空。		
两尺寸界线之间比较窄时,尺寸数字可注在尺寸界线外侧,或上下错开,或用引出线引出再标注。		

续图 1-19

名　称	符号或缩写词	名　称	符号或缩写词
直　径	$\varnothing$	均　布	EQS
半　径	R	正方形	□
圆球直径	$S\varnothing$	深　度	⊤
圆球半径	SR	沉孔或锪平	⊔
厚　度	t	埋头孔	∨
45° 倒角	C		

图 1-20　尺寸标注常用符号和缩写词

示范作图

尺寸标注示范案例如图 1-21 所示。

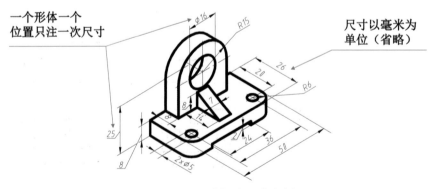

图 1-21　尺寸标注示范案例

六、几何作图

在工程图或机械图中,无论建筑物或机器的结构如何复杂,其轮廓都是由直线、规则或不规则的曲线等按一定规律组成的,因此,正确使用绘图仪器和工具,掌握平面图形作图的基本方法和技能,可为绘制专业图样打好基础。

示范作图

五等分已知线段,如图 1-22 所示。

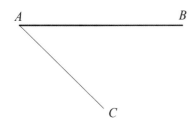 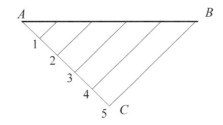

等分线段

图 1-22　线段等分案例

步骤:

(1)已知线段 AB。

(2)过点 A 任作一直线 AC,在 AC 上截取五等份,得 1、2、3、4、5 点,连点 5、B 得线段 5B。

(3)过点 1、2、3、4 作直线平行于 5B,与线段 AB 的交点即为所求等分点。

示范作图

作圆内接正多边形(作圆内接正五边形),如图 1-23 所示。

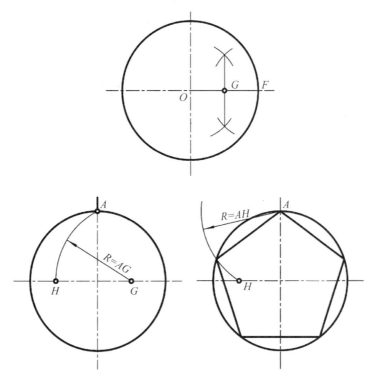

图 1-23　作圆内接正五边形

步骤：

（1）作出半径 OF，分别以 O、F 为圆心，以大于 OF 的二分之一的长度为半径画弧，作出 OF 的垂直平分线，找到其中点 G。

（2）以 G 为圆心、GA 为半径作圆弧交直径于 H。

（3）以 A 为圆心、AH 长度为半径画弧，依次类推，分圆周为五等份。顺序连接各等分点，即得所求。

示范作图

用四心圆法作椭圆，如图 1-24 所示。

步骤：

（1）以 O 为圆心、OA 为半径画弧，交 DC 延长线于 E 点。

（2）以 C 为圆心、CE 为半径画弧交 AC 于 F。

（3）作 AF 的垂直平分线，交长轴于 O_1，交短轴（或其延长线）于 O_2，并求出对称点 O_3、O_4。

（4）分别以 O_1、O_2、O_3、O_4 为圆心，O_1A、O_2C、O_3B、O_4D 为半径画弧，各弧的连接点（切点）应在相应的连心线上。

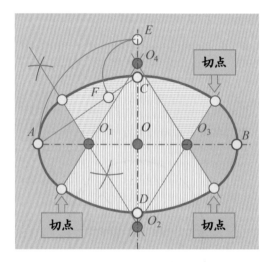

图 1-24   用四心圆法作椭圆

七、徒手作图

徒手作图是指不用绘图仪器和工具而按目测比例徒手画出图样。徒手作出的图称为草图，草图是技术人员交谈、记录、构思、创作的有力工具。初步设计以及在现场测绘时，都采用徒手作图。徒手作图应基本做到：图形正确，线型分明，比例均匀，字体工整，图面整洁。

绘图方法如下。

1. 徒手画直线

画水平直线时，眼睛看着图线的终点，由左向右画线；由上向下画铅垂线。绘制短线常用手腕运笔；画长线则以手臂动作，且肘部不宜接触纸面，否则不易画直。当直线较长时，也可目测后在直线中间定出几个点，然后分几段画出。

2. 徒手等分线段和画一定角度的线

等分线段时,根据等分数的不同,应凭目测,先分成相等或一定比例的两段,再进行细分与合并。

画30°、45°、60°的斜线,按直角边的近似比例定出端点后,连成直线即可,如图1-25所示。

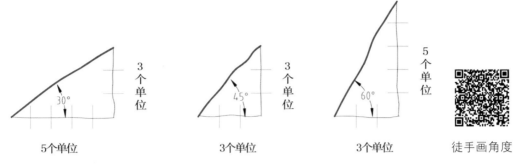

图 1-25   徒手画一定角度的线

3. 徒手画圆

画直径较小的圆时,在中心线上按半径目测定出四点,然后徒手连成圆。画直径较大的圆时,除了中心线以外,再过圆心画几条不同方向的直线,在中心线和这些直线上按半径目测定出若干点,再徒手连成圆。(见图1-26)

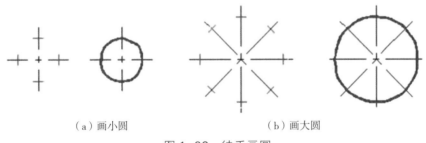

(a)画小圆   (b)画大圆

图 1-26   徒手画圆

4. 徒手绘制四边形

画四边形时可在对称轴上定出长、宽,然后连接水平线或垂直线。画正方形还可在对角线上定出相等距离的四点,连接斜线而成;用此方法继续画,可以画出该正方形内接的圆。(见图1-27)

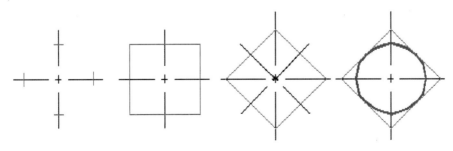

图 1-27   徒手画四边形

5. 徒手绘制立体草图

结合徒手画直线、圆等的技巧,可徒手画立体草图,如图1-28所示。

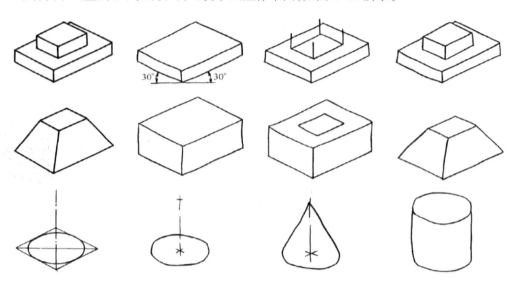

图1-28 徒手画立体草图

正 业

(1)请列举五种图纸幅面及图框尺寸。

(2)简述图线的分类及其用途。

(3)绘制椭圆,可参照图1-29。

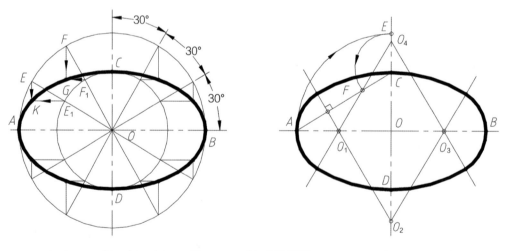

图1-29 徒手画椭圆

课题 2

投影的基础知识

TOUYING DE JICHU ZHISHI

知识目标

掌握正投影法原理;运用形体分析、线面分析等方法,进行物体构形以及结构创新。

能力目标

掌握三视图、轴测图、剖面图等的绘图方法。

教学项目

空间形体的表达。

课程内容

2.1　三视图的原理

2.2　点、直线、平面、基本体的投影

2.3　组合体的投影

2.4　轴测图的绘制

2.5　剖面图与断面图的绘制

课程思政实施

课程思政元素:

工匠精神、专注。

课程思政切入点:

1.课前 PPT 展示插图。

2.播放画图视频。

3.邀请学生上台展示作图方法。

4.课后图片互动。

教学方法活动:

图片展示、视频播放、问题导向、小组讨论。

课程思政目标:

1.培养学生围绕装饰行业不断深耕细作、精雕细琢、精益求精、踏实专注的素养。

2.培养学生干一行爱一行、爱一行钻一行、爱岗敬业、一丝不苟的工作态度。

2.1 三视图的原理

一、投影的概念

日常生活中,太阳光和灯光照射物体,会在地面或墙上产生影子,并且太阳光上午和下午照射同一物体,物体的影子的位置和形状都不一样。从这些现象中我们也可认识到光线、物体和影子之间存在一定的联系。

教室上方的灯光是发散型的,假想把灯移到无限远的位置,就可以把灯发出的光线近似地看成是互相平行的。当光线从斜上方照射时,地面上有桌面和桌腿的影子;当光线从正上方垂直照向桌面时,地面上产生的影子与桌面一样大。

光线透过物体在地面上所形成的能反映物体较为清晰的边缘轮廓(物体内部状况仍模糊不清)的图形称为阴影。

工程制图时,投影线透过物体在投影面上所形成的能反映物体真实形状和大小,可以详细反映出物体内部结构和点、线、面的图形称为投影。投影必须有光源(投影中心)、光线(投影线)和物体。

阴影和投影如图 2-1 所示。

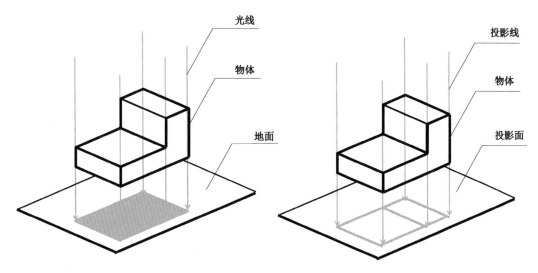

图 2-1 阴影与投影

投影按投影方法不同可划分为中心投影和平行投影,如图 2-2 所示。

(1)中心投影。所有投影线从同一投影中心出发的投影方法,称为中心投影法,如图 2-3 所示。按中心投影法作出的投影称为中心投影。

(2)平行投影。如果将中心投影法的投影中心移至无穷远,则所有投影线可视为相互平行,投影线互相平行的这种投影法称为平行投影法,所得投影称为平行投影。

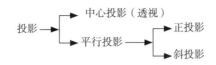

图 2-2　投影的分类

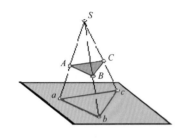

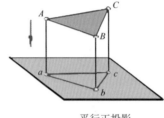

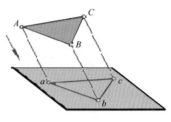

平行正投影　　　　　平行斜投影

图 2-3　中心投影法　　　　　　图 2-4　平行正投影与平行斜投影

　　按投影线的投影方向,平行投影又分为平行正投影(投影线垂直于投影面)和平行斜投影(投影线倾斜于投影面),如图 2-4 所示。

　　正投影法能在投影面上较"真实"地表达空间物体的大小和形状,且作图简便,度量性好,在工程中得到广泛的应用。正投影的投影特性(见图 2-5)有:

　　(1)全等性。平行于投影面的直线段或平面图形,其投影能反映实长或实形。

　　(2)积聚性。垂直于投影面的直线段或平面图形,其投影积聚为一点或一条直线段。直线或面上的点、线、图形等,其投影分别落在直线或平面的积聚投影上。

　　(3)类似性。倾斜于投影面的直线段或平面图形,其投影短于实长或小于实形,但与空间图形类似。

　　(4)从属性。空间上的点位于线段上,其投影还是在线段的投影上。

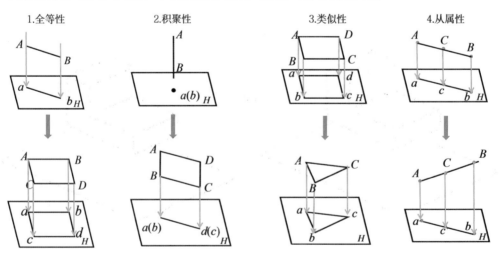

图 2-5　正投影的投影特性

　　问:一个方向的投影能不能完整地表达物体的形状和大小? 能不能用于区分不同的物体?

　　答:不能。两个形状不同的物体,在同一投影面的投影可能是相同的,这说明仅有一个投影是不能准确表达物体的形状的。两个投影往往也不能确定物体的形状。在工程中常用三个或三个以上投影面上的视图来表达物体的信息。（见图 2-6 和图 2-7）

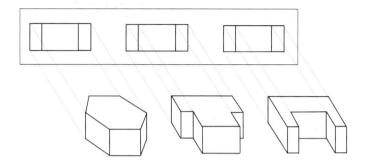

图 2-6　三个不同物体的同面投影相同

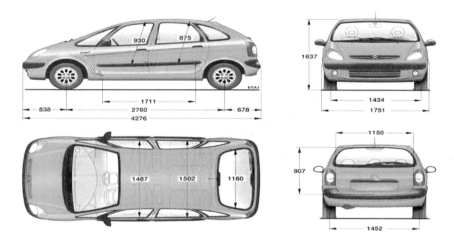

图 2-7　多个投影面上的视图（单位：mm）

二、三视图的形成

（一）三面投影原理

采用正投影法将物体同时向三个投影面投影，可得三个投影图，即三视图，如图 2-8 所示。三投影面体系如图 2-9 所示。

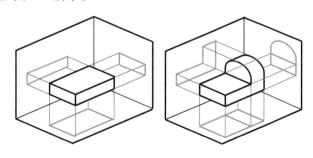

图 2-8　多方向投影（三视图）

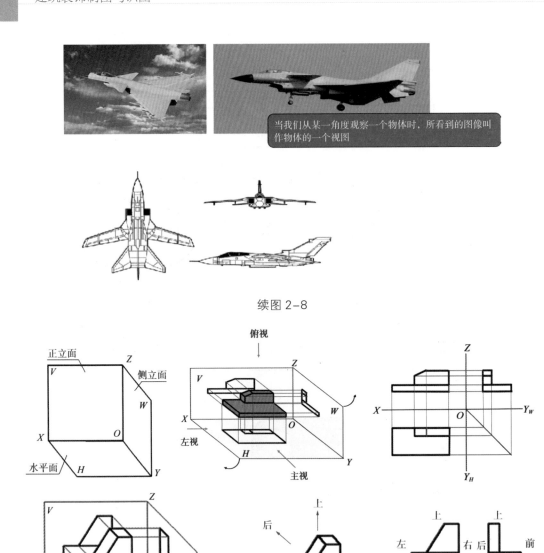

当我们从某一角度观察一个物体时，所看到的图像叫作物体的一个视图

续图 2-8

图 2-9　三投影面体系

正面投影面用"V"标记；侧面投影面用"W"标记；水平投影面用"H"标记。三投影面之间两两的交线称为投影轴，分别用 OX、OY、OZ 表示，OX 轴是 V 面与 H 面交线，OY 轴是 W 面与 H 面交线；OZ 轴是 W 面与 V 面交线。三轴的交点称为原点 O。上述三个投影面两两互相垂直，组成三投影面体系。物体的正面投影称为正（主）视图，物体的水平投影称为俯视图，物体的侧面投影称为左视图。物体的主视图、俯视图、左视图合称为物体的三视图。

主视图——从前向后看到的图，投影线 $\perp V$（V 面视图）。

左视图——从左向右看到的图，投影线 $\perp W$（W 面视图）。

俯视图——从上向下看到的图，投影线 $\perp H$（H 面视图）。

(二)三视图的展开

为了使三个视图能画在一张纸上,国家标准规定,正立投影面及主视图保持不动,把水平投影面及俯视图一起绕 OX 轴向下旋转 $90°$,把侧立投影面及左视图一起绕 OZ 轴向右旋转 $90°$。

例如,立体的三个投影分别画在三个互相垂直的投影面上,而工程图样要求视图画在同一张图纸上。设想将物体移开,保持 V 面不动,H 面绕 OX 轴向下转 $90°$、W 面绕 OZ 轴向右(后)转 $90°$,就得到了在同一张图纸上的三视图。当 H、W 面旋转时,OY 轴被分成 OY_H、OY_W,OY_H 重合于 OZ 轴,OY_W 重合于 OX 轴。展开后的三个视图在同一个平面上,如图 2-10 所示。

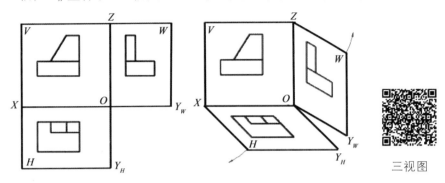

三视图

图 2-10 三视图的展开

(三)三视图中的投影规律

物体一般都具有长、宽、高三个方向的尺寸,物体的三视图是互相联系的。

1. 度量(方位)关系

OX——长(左右向)。

OY——宽(前后向)。

OZ——高(上下向)。

为了保证俯视图与左视图宽相等,可以以原点为圆心用圆弧来联系二者中的图线,或用 $45°$ 线。

2. 对应关系

正视图、俯视图——反映物体长。

左视图、俯视图——反映物体宽。

正视图、左视图——反映物体高。

每一个视图反映物体两个方向的尺寸:

正视图——长、高。

俯视图——长、宽。

左视图——宽、高。

3. 投影规律

三视图中的投影规律(见图 2-11)为:(正视图、俯视图)长对正,(正视图、左视图)高平齐,(俯视图、左视图)宽相等。

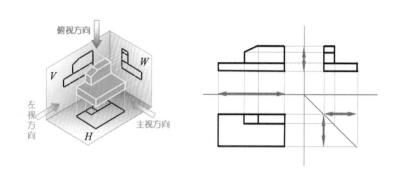

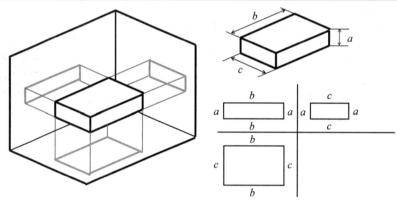

图 2-11 三视图中的投影规律

想一想 你知道正投影与三视图的关系吗？怎样画一个物体的三视图？

课堂练习

(1) 结合实物特点以及投影方向，分析图 2-12 中的投影图。

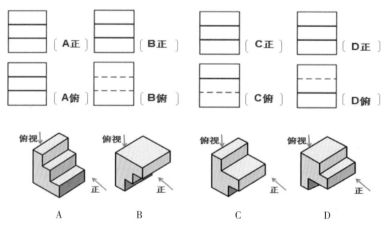

图 2-12 分析投影图

(2) 分析图 2-13 中右边的三面投影，找出左边相应的实物。

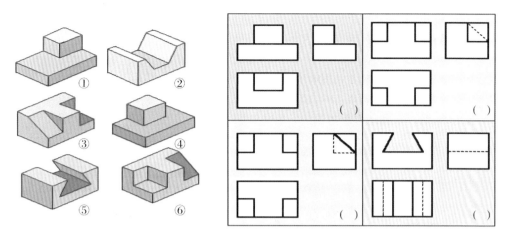

图 2-13　投影对照

(3) 对照图 2-14 中的实物，找出它的主视图。

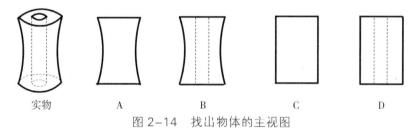

实物　　A　　B　　C　　D

图 2-14　找出物体的主视图

三、三视图的绘制

示范作图

画出房屋模型的三视图，如图 2-15 所示。

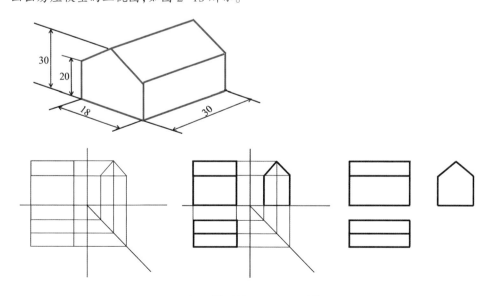

图 2-15　房屋模型的三视图（单位：mm）

步骤：

(1)确定画图比例和图纸幅面。

(2)布置视图位置。

(3)在图纸上画出轴线及各视图的中心线、对称线等其他基准线。

(4)用稍硬的铅笔(2H 铅笔)画底稿。

(5)检查和描深，并擦去多余图线。

课堂练习

完成图 2-16 中图形的三视图绘制。

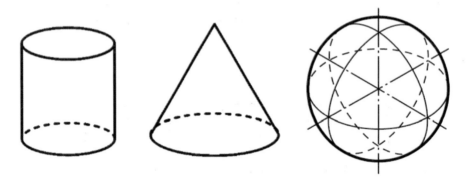

图 2-16　圆柱体、圆锥体和球体的三视图绘制

正 训

(1)请简述投影的分类。

(2)请简述投影和阴影的区别。

(3)请简述正投影和三视图的关系。

(4)请简述三视图的投影规律。

(5)完成图 2-17 中图形的三视图绘制。

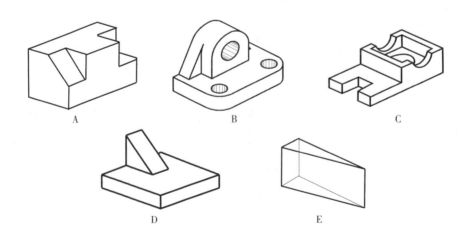

图 2-17　绘制物体的三视图

2.2 点、直线、平面、基本体的投影

　　物体的表面常视为由点、线、面所组成,复杂的空间几何问题可以抽象成点、线、面的相互关系问题。为了进一步弄清物体在三投影面体系中的投影规律,必须对点、线、面等几何元素进行分析,以便深入地掌握投影特性,增强读图和画图的能力。

一、点的投影

(一)点的投影原理

　　空间中点 A 置于三投影面体系中,过 A 点分别向 H 面、V 面、W 面三个投影面作垂线,其垂足就是 A 点在各投影面上的投影,如图 2-18 所示。空间中的点用大写字母表示,点的投影用小写字母表示。

　　点 A 在水平面(H 面)的投影为 a,点 A 在正立面(V 面)的投影为 a',点 A 在侧立面(W 面)的投影为 a''。

　　点 A 的 x 坐标反映点 A 到 W 面的距离。点 A 到 W 面的距离 $=Aa''=aa_Y=a'a_Z=x$。

　　点 A 的 y 坐标反映点 A 到 V 面的距离。点 A 到 V 面的距离 $=Aa'=aa_X=a''a_Z=y$。

　　点 A 的 z 坐标反映点 A 到 H 面的距离。点 A 到 H 面的距离 $=Aa=a''a_Y=a'a_X=z$。

　　点 A 的 V 面投影 a' 和 H 面投影 a 的连线垂直于 OX 轴,即 $a'a \perp OX$。

　　点 A 的 V 面投影 a' 和 W 面投影 a'' 的连线垂直于 OZ 轴,即 $a'a'' \perp OZ$。

　　点 A 的 H 面投影 a 到 OX 轴的距离等于点 A 的 W 面投影 a'' 到 OZ 轴的距离,即 $aa_X=a''a_Z$。

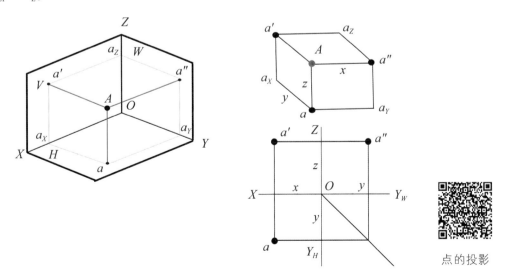

点的投影

图 2-18 点的投影

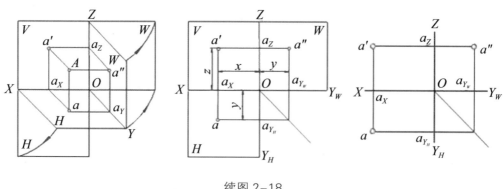

续图 2-18

课堂练习

已知空间点 $A(11,8,15)$，求作它的三面投影图。

（二）点的相对位置

1. 两点的相对位置

两点的相对位置指两点之间上下、左右、前后的位置关系，以及其在投影图上的反映，如图 2-19 所示。

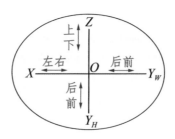

图 2-19　两点的相对位置

课堂练习

已知点 A 的三面投影 a、a'、a''，如图 2-20 所示，并知点 B 在点 A 左方 $11\,mm$，在点 A 上方 $8\,mm$，在点 A 前方 $6\,mm$，求作点 B 的三面投影 b、b'、b''。

空间上的点 A 位于点 B 的 _____ 位置。

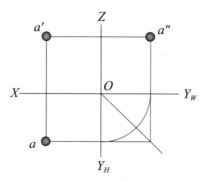

图 2-20　求点 B 的第三面投影

2. 重影点及其可见性

当空间两点的某两个坐标值相同时,该两点处于对某一投影面的同一投影线上,则这两点对该投影面的投影重合于一点,该两点称为对该投影面的重影点。空间两点的同面投影(同一投影面上的投影)重合于一点的性质,称为重影性。重影时,不可见的投影加括号。(见图2-21)

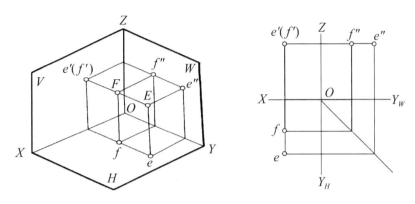

图2-21 重影点的投影

示范作图

已知空间点 B 的正面投影 b' 和水平投影 b,求作该点的侧面投影 b'',如图2-22所示。

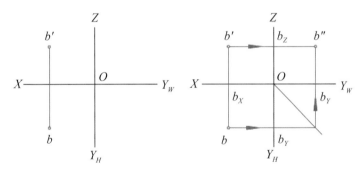

图2-22 点 B 的投影(已知两面投影,求第三面投影)

正 误

(1)请简述点的投影原理。

(2)请简述点的相对位置关系。

(3)求作点 $A(15,5,10)$、$B(20,0,15)$、$C(7,5,0)$ 的三面投影。

(4)求作点 $A(10,20,5)$、$B(0,10,20)$、$C(20,0,10)$、$D(30,0,0)$ 的三面投影。

(5)作点 $A(15,8,15)$、$B(0,20,10)$ 的直观图。

(6)已知点 A 的坐标为 $x=20$,$y=10$,$z=18$,求作点 A 的三面投影图。

(7)已知点 B 的两面投影(见图2-23),求第三面投影。已知点 A 在点 B 之前5 mm、之上9 mm、之右8 mm,求点 A 的投影。

(8)已知点 A 距 H 面10 mm;距 V 面15 mm;距 W 面20 mm,求作其三面投影。

(9)点 B 与 H、W 面等距,如图 2-24 所示,完成点 B 的另外两面投影。

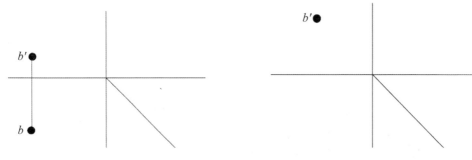

图 2-23　已知点 B 的两面投影　　　　　图 2-24　求点 B 的另外两面投影

二、直线的投影

(一)直线的投影原理

直线的投影一般仍为直线,特殊情况下为一点。直线在三投影面体系中的投影分为三种:

(1)垂直线:垂直于一个投影面。

(2)平行线:平行于一个投影面。

(3)一般位置直线:倾斜于三个投影面。

直线投影的类型如图 2-25 所示。

图 2-25　直线投影的类型

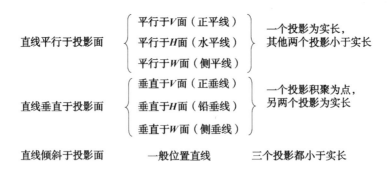

图 2-26　直线投影的特性 1

直线投影的特性(见图 2-26、图 2-27)如下:

(1)直线平行于投影面——投影反映实长 (真实性)。

(2)直线垂直于投影面——投影积聚为一点(积聚性)。

(3)直线倾斜于投影面——投影比实长短（类似性）。

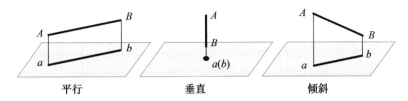

图 2-27　直线投影的特性 2

1.一般位置直线

定义：与三个投影面均倾斜的直线。

一般位置直线又称为投影面倾斜线，其投影特性：直线的三个投影都与投影轴倾斜，并且都小于实长。（见图 2-28）

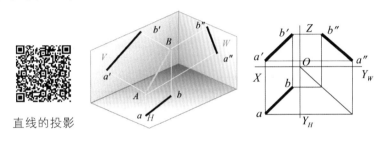

直线的投影

图 2-28　一般位置直线的投影

2.投影面平行线

定义：平行于某一投影面，倾斜于另两个投影面的直线。

投影面平行线的投影特性：在与其上的某一线段平行的投影面上，该线段的投影为倾斜线段，反映实长（真实性）；其余两个投影面上的投影为水平线段或铅垂线段，都小于实长（类似性）。（见图 2-29）

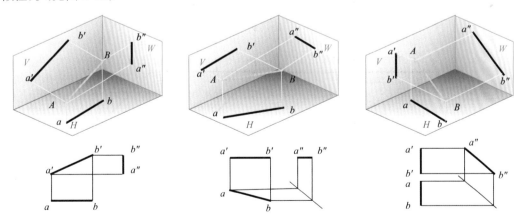

图 2-29　投影面平行线的投影

(1)正平线：∥ V,倾斜于 H,倾斜于 W,$\beta=0°$,V 面投影反映实长及 α、γ 实大,H、W 面投影 $\perp OY$ 轴。（见图 2-30）

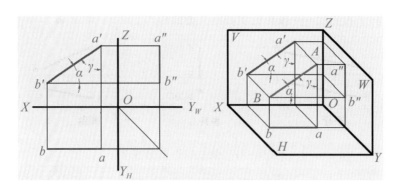

图 2-30　正平线的投影

(2)水平线：∥ H,倾斜于 V,倾斜于 W, α=0°, H 面投影反映实长及 β、γ 实大, V、W 面投影⊥ OZ 轴。(见图 2-31)

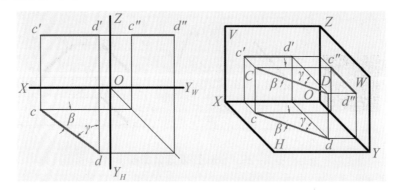

图 2-31　水平线的投影

(3)侧平线：∥ W,倾斜于 V,倾斜于 H, γ=0°, W 面投影反映实长及 β、α 实大, V、H 面投影⊥ OX 轴。(见图 2-32)

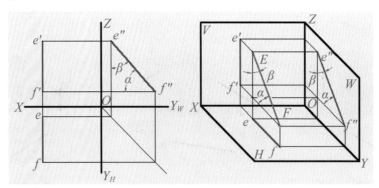

图 2-32　侧平线的投影

3. 投影面垂直线

定义:垂直于某一投影面的直线(与另两个投影面平行)。

投影面垂直线的投影特性:在与其上的某一线段垂直的投影面上,该线段的投影积聚成一个点(积聚性);其余两个投影面上的投影为水平线段或铅垂线段,都反映实长(真实性)。(见图 2-33)

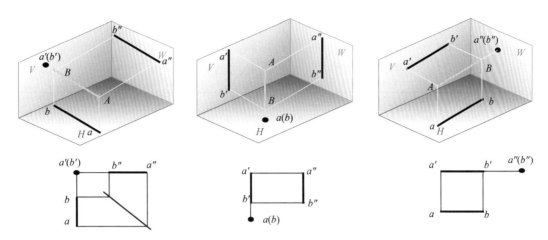

图 2-33 投影面垂直线的投影

(1)铅垂线：$\perp H$，$/\!/ V$，$/\!/ W$，$\alpha=90°$，$\beta=\gamma=0°$。（见图 2-34）

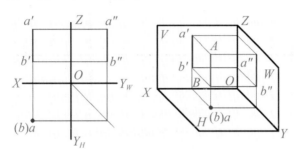

图 2-34 铅垂线的投影

(2)正垂线：$\perp V$，$/\!/ H$，$/\!/ W$，$\beta=90°$，$\alpha=\gamma=0°$。（见图 2-35）

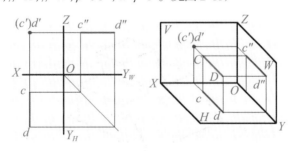

图 2-35 正垂线的投影

(3)侧垂线：$\perp W$，$/\!/ H$，$/\!/ V$，$\gamma=90°$，$\alpha=\beta=0°$。（见图 2-36）

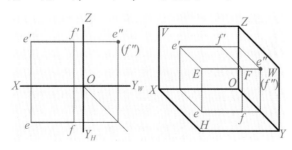

图 2-36 侧垂线的投影

4. 特殊位置直线与一般位置直线的区别

特殊位置直线与一般位置直线的区别见表 2-1。

表 2-1　特殊位置直线与一般位置直线的区别

特殊位置直线	一般位置直线
垂直线：投影为"一点二平直"（两个投影//同一轴），在所平行的投影面上反映实长，倾角为一个90°两个0°	倾斜于三个投影面，投影为三斜线，均不反映其实长及倾角实大
平行线：投影为"一斜二平直"（两个投影⊥同一轴），在所平行的投影面上反映实长及倾角实大，另外一个倾角为0°	

课堂练习

(1) 判断图 2-37 中各直线的空间位置。

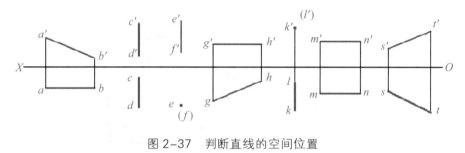

图 2-37　判断直线的空间位置

AB 是_____线　CD 是_____线　EF 是_____线

GH 是_____线　KL 是_____线　MN 是_____线　ST 是_____线

(2) 试分析图 2-38 所示立体表面上各线段的空间位置。

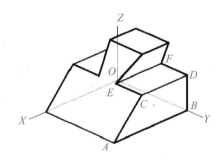

图 2-38　判断立体表面上各线段的空间位置

AB 是_____线　AC 是_____线　DB 是_____线　CE 是_____线　EF 是_____线

（二）直线上点的投影

直线上点的投影特性包括从属性和定比性。

从属性：若点在直线上，则点的各个投影必在直线的各同面投影上。利用这一特性可以在直线上找点，或判断已知点是否在直线上。

定比性：属于线段上的点分割线段之比等于点的投影分割线段投影之比。图 2-39 中，$AC:CB=ac:cb=a'c':c'b'(=a''c'':c''b'')$。

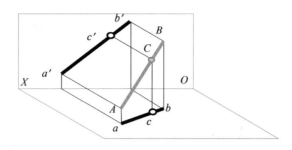

图 2-39 直线上点的投影特性

（三）直线与直线的位置关系

1. 平行

若空间两直线平行,则它们的同面投影必相互平行,如图 2-40 中,$AB \parallel CD$ 则 $ab \parallel cd$,$a'b' \parallel c'd'$。

图 2-40 直线与直线的平行关系

示范作图

判定两侧平线 EF、GH(投影如图 2-41 所示)是否平行。经作图判断,EF 不平行于 GH。

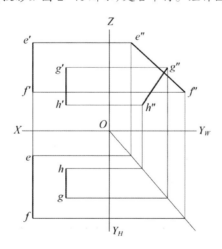

图 2-41 判断直线的平行关系

2. 相交

空间两直线相交,则它们的同面投影必相交。如图 2-42 所示,AB 和 CD 相交,交点为 K,

K 的投影 k 为 ab 和 cd 的交点，k' 为 $a'b'$ 和 $c'd'$ 的交点。

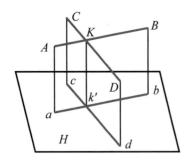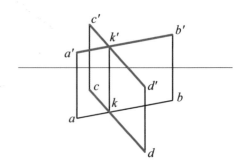

图 2-42　直线与直线的相交关系

课堂练习

判断图 2-43 所示的两直线是否相交。

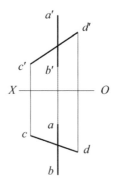

图 2-43　判断直线的相交关系

3. 交叉

空间两直线相交是指它们不平行、不相交。两直线交叉时，同面投影的交点对应的其他面投影不符合点的投影特性。（见图 2-44）

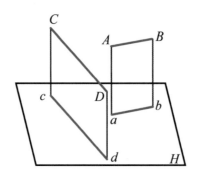

图 2-44　直线与直线的交叉关系

课堂练习

判断图 2-45 所示的两直线是否交叉。

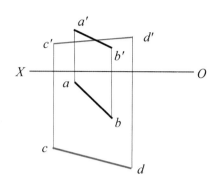

图2-45 判断直线的交叉关系

4.垂直

两直线垂直为两直线相交中的特殊情况。若两直线垂直,一般情况下投影不反映直角。(见图2-46)

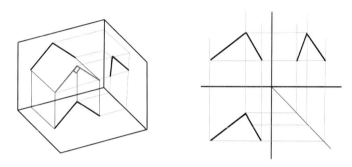

图2-46 直线与直线的垂直关系

示范作图

直线 CD 与正平线 AB 垂直相交于点 D,已知投影 a、b、a'、b'、d',作其他投影,如图2-47所示。

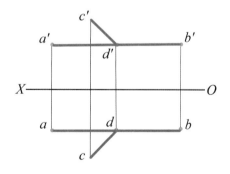

图2-47 直线的垂直关系

正 Ⅲ

(1)请简述直线的投影规律。

(2)请简述直线与点、直线与直线之间的投影关系。

(3)作出图2-48所示的点 A、B、C 的三面投影,并判断点 C 是否在线段 AB 上。

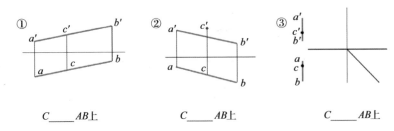

图 2-48　判断点是否在线段上

(4)已知线段的两面投影,如图 2-49 所示,求第三面投影。

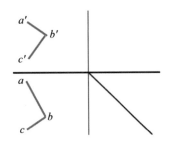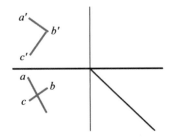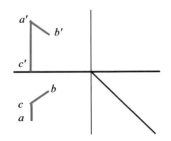

图 2-49　求直线的第三面投影

(5)求图 2-50 所示的直线 AB、CD、MN、FT 的三面投影。

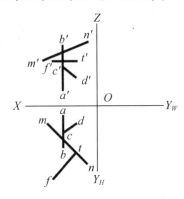

图 2-50　求直线的三面投影

三、平面的投影

(一)各种位置平面的投影特性

平面在三投影面体系中有三类情形:

(1)投影面平行面:平行于一个投影面,垂直于另二投影面。

(2)投影面垂直面:垂直于一个投影面,倾斜于另二投影面。

(3)一般位置平面:倾斜于三个投影面。

平面投影的特性(见图 2-51)如下:

(1)平面平行于投影面,其投影反映实形(真实性)。

(2)平面垂直于投影面,其投影积聚成直线(积聚性)。

(3)平面倾斜于投影面,其投影为其类似形(类似性)。

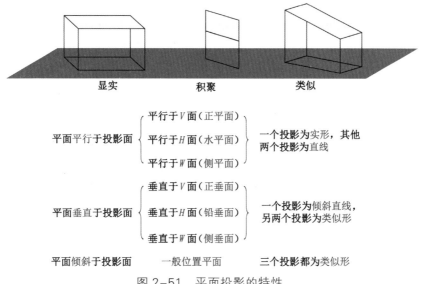

图2-51 平面投影的特性

1.投影面平行面

投影面平行面的投影特性:在与平面平行的投影面上,该平面的投影反映实形(真实性);其余两个投影面上的投影分别平行于相应的投影轴,为一条直线(积聚性)。

(1)正平面: $\parallel V$,$\perp H$,$\perp W$,$\beta=0°$,$\alpha=\gamma=90°$,V面投影反映实形,H、W面投影积聚成直线。(见图2-52)

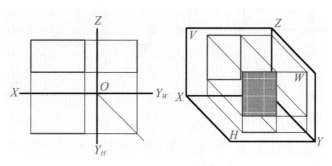

图2-52 正平面的投影

(2)水平面: $\parallel H$,$\perp V$,$\perp W$,$\alpha=0°$,$\beta=\gamma=90°$,H面投影反映实形,V、W面投影积聚成直线。(见图2-53)

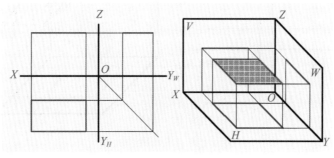

图2-53 水平面的投影

(3)侧平面: $\parallel W$, $\perp H$, $\perp V$, $\gamma=0°$, $\alpha=\beta=90°$, W 面投影反映实形, H、V 面投影积聚成直线。（见图 2-54）

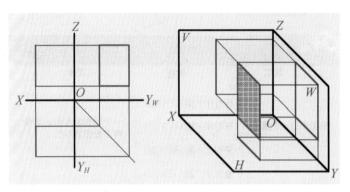

图 2-54　侧平面的投影

2. 投影面垂直面

投影面垂直面的投影特性：在与平面垂直的投影面上，该平面的投影为一倾斜直线（积聚性）；其余两个投影面上的投影都是缩小的类似形（类似性）。

(1)铅垂面: $\perp H$, 倾斜于 V, 倾斜于 W, $\alpha=90°$, H 面投影积聚成直线, V、W 面投影为类似图形。（见图 2-55）

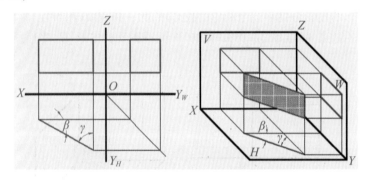

图 2-55　铅垂面的投影

(2)正垂面: $\perp V$, 倾斜于 H, 倾斜于 W, $\beta=90°$, V 面投影积聚成直线, H、W 面投影为类似图形。（见图 2-56）

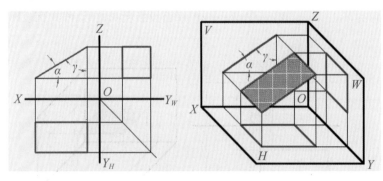

图 2-56　正垂面的投影

（3）侧垂面：⊥W，倾斜于H，倾斜于V，$\gamma=90°$，W面投影积聚成直线，H、V面投影为类似图形。（见图2-57）

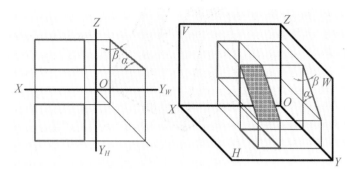

图2-57 侧垂面的投影

3. 一般位置平面

一般位置平面又称投影面倾斜面，其投影特性：三个面投影都是与原平面形状类似的平面图形（类似性）。

示范作图

绘制投影面倾斜面及其上一点的三面投影，如图2-58所示。

平面的投影

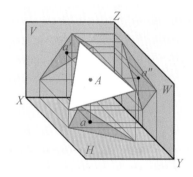

图2-58 投影面倾斜面及其上一点的投影

课堂练习

（1）判断图2-59所示平面的位置。

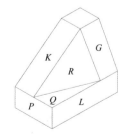

图2-59 判断平面的位置

K是_____面　G是_____面　R是_____面

Q是_____面　P是_____面　L是_____面

（2）在图2-60所示立体中有平面A、B、C，绘制出其三视图。

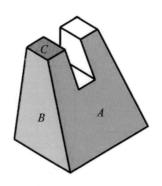

图 2-60　绘制平面的三视图

（二）平面上的点和直线

1. 平面上的点

点在平面上的一条线上，该点必在该平面上。

课堂练习

已知△ABC 在某一平面上，部分投影如图 2-61 所示，试过点 C 作正平线，过点 A 作水平线，作出对应投影。

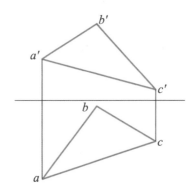

图 2-61　作出平面的正平线与水平线的投影

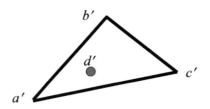

（1）请简述平面的投影原理。

（2）请简述平面与点和直线以及平面的投影关系。

（3）已知△ABC 在某一平面上，部分投影如图 2-62 所示，试判断点 D 是否在该平面上。

图 2-62　判断点 D 是否在平面上

（4）已知点 E 在△ ABC 平面上，且点 E 距离 H 面 15 mm，距离 V 面 10 mm，试在图 2-63 中求点 E 的投影。

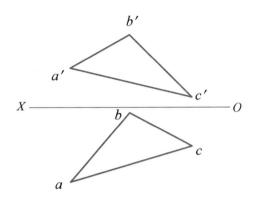

图 2-63 求平面上点 E 的投影

2. 平面上的线

若直线通过平面上两个已知，则此直线必在该平面上；直线通过平面上一个已知点，且平行于平面上的一直线，则此直线也必在该平面上。

示范作图

已知△ ABC，在△ ABC 上作一条距 V 面 20 mm 的正平线 DE，相关投影如图 2-64 所示。

分析：DE 为正平线，则 DE // V，又因为 DE 距 V 面 20 mm，在水平投影面上作距离 OX 轴 20 mm 的 OX 轴平行线，交△ ABC 的投影 abc 于 d、e，de 即为所求正平线 DE 的 H 面投影，再作出对应的 V 面投影即可。

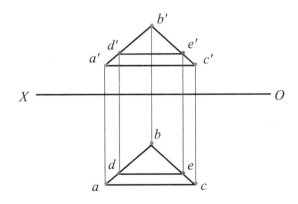

图 2-64 作正平线 DE 的投影

（1）已知四边形 $ABCD$ 的 V 面投影及 AB、DC 的 H 面投影，如图 2-65 所示，完成 H 面投影。

（2）已知△ ABC 的投影如图 2-66 所示，求作其所在平面内的正平线的投影，该正平线距 V 面 8 mm。

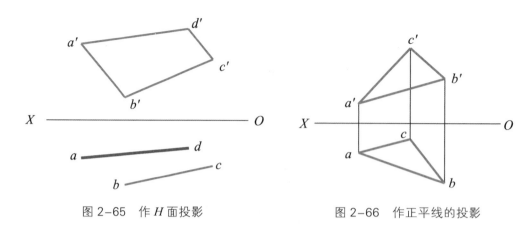

图 2-65　作 H 面投影　　　　　图 2-66　作正平线的投影

3. 直线与平面、平面与平面的相对位置

1）直线与平面平行

直线平行于平面内的某一直线，则该直线与平面平行。

如果一直线与平面相平行，则在该平面内一定存在与该直线平行的直线。

示范作图

如图 2-67 所示，直线 MN ∥ AD，AD 在 △ABC 内，所以 MN ∥ △ABC。

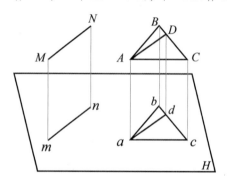

图 2-67　直线与平面平行

2）平面与平面平行

两平面上各有一对相交直线对应平行，则两平面平行。（见图 2-68）

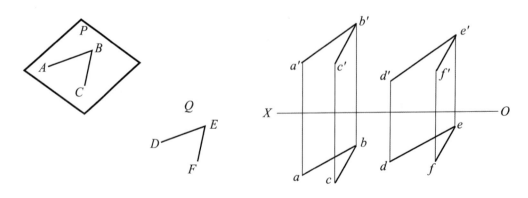

图 2-68　平面与平面平行

示范作图

(1)已知三棱锥 $S-ABC$ 棱面 SAB 上点 K 的 V 面投影，作其 H 面投影，如图 2-69 所示。

(2)已知△ ABC 和四边形 $DEFG$ 的两面投影，如图 2-70 所示，试判别△ ABC 和四边形 $DEFG$ 是否平行。

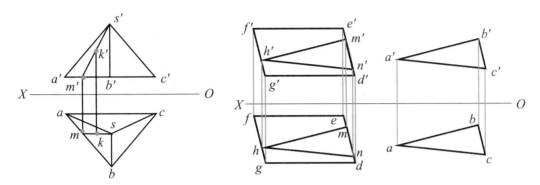

　　图 2-69　求点 K 的 H 面投影　　　　图 2-70　△ ABC 和四边形 $DEFG$ 是否平行

　　在四边形 $DEFG$ 的 V 面投影内作相交两直线的投影 $h'm'$、$h'n'$，使 $h'm' /\!/ a'b'$，$h'n' /\!/ a'c'$，再对应作其 H 面投影，由于 $hm /\!/ ab$，$hn /\!/ ac$，则 $HM /\!/ AB$，$HN /\!/ AC$，则△ $ABC /\!/$ 四边形 $DEFG$。

　　(3)已知点 K 与△ ABC 的两面投影，过点 K 作一水平线 KL 与△ ABC 平行，相关投影如图 2-71 所示。

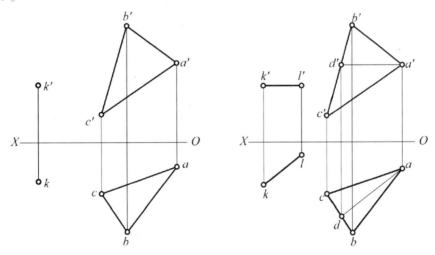

　　图 2-71　作一水平线与△ ABC 平行

　　在△ ABC 的 V 面投影内作一水平线 AD 的投影 $a'd'$，过 k' 作 $k'l' /\!/ a'd'$，即 $k'l' /\!/ a'd' /\!/ OX$。用相同的方法作出 kl。

　　3)直线与平面相交

　　直线与平面，如果不平行则必相交。交点是直线与平面的共有点。

示范作图

　　求铅垂线 MN 与一般位置平面 ABC 的交点 K，作出其两面投影，见图 2-72。

　　在 $m(n)$ 处标出 k 点，连 ak 作延长线，交 bc 于 e。对应作出 e'，连 $a'e'$。过 k 作 OX 轴的垂线，

交 $a'e'$ 于 k',即得所求。

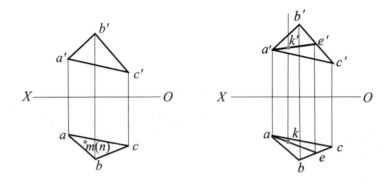

图 2-72　求交点 K 的两面投影

四、基本体的投影

基本体分为平面体和曲面体。以下主要介绍曲面体的投影。

曲面体由曲面或曲面和平面围成。常见曲面体有圆柱、圆锥、圆球、圆环等。

(1)圆柱:直母线绕与它平行的轴线旋转而成。(见图 2-73)

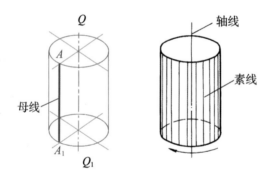

图 2-73　圆柱

(2)圆锥:直母线绕与它相交的轴线旋转而成。(见图 2-74)

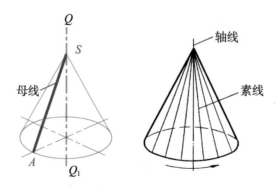

图 2-74　圆锥

(3)圆球:圆周绕其直径旋转而成。(见图 2-75)

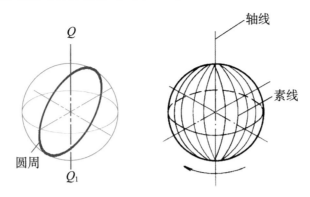

图 2-75 圆球

(4)圆环:圆周绕其同一平面上不通过圆心的轴线旋转而成。

母线——动线;素线——母线停留的任意位置。曲面是素线的集合。

(一)圆柱的投影

圆柱的投影如图 2-76 所示。

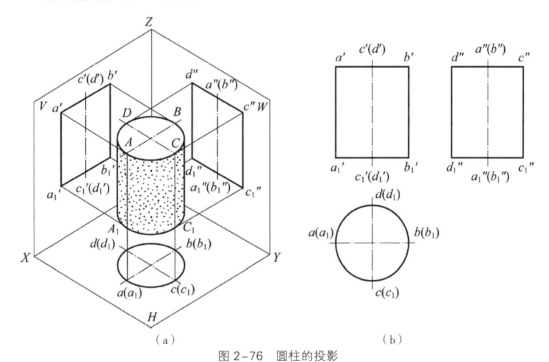

（a） （b）

图 2-76 圆柱的投影

(1)形体分析:上、下底为平行且全等的圆,轴线垂直于底面。

(2)投影位置:轴线垂直于 H 面。

(3)投影分析:

H 面:反映底面实形圆,侧表面投影积聚在圆周上。

V 面:矩形,上、下边为圆柱上、下底面积聚的投影,左、右边是圆柱最左、最右素线的投影。这两条素线是正面投影中可见与不可见的分界线,称为轮廓素线。

W 面:同 V 面,左、右边是圆柱最后、最前素线的投影。这两条素线是 W 面投影中可见与不可见的分界线。

(二)圆锥的投影

圆锥的投影如图 2-77 所示。

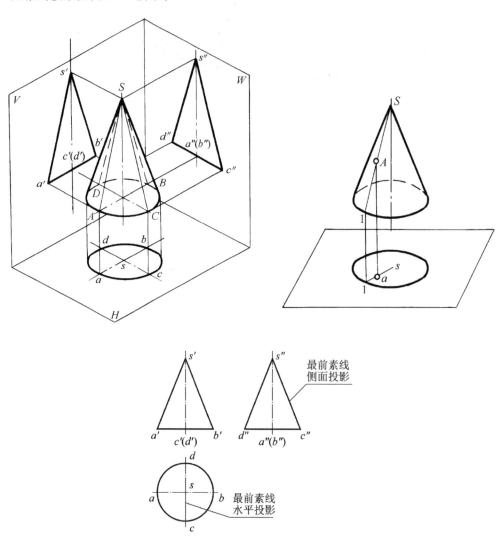

图 2-77　圆锥的投影

(1)形体分析:底面为圆,轴线垂直于底面。

(2)投影位置:轴线垂直于 H 面。

(3)投影分析:

H 面:反映底面实形圆,锥顶落在圆心上,锥面可见。

V 面:三角形,底边为底圆积聚的投影,左、右两腰为圆锥最左、最右素线的投影。这两条素线是正面投影中可见与不可见的分界线。

W 面:同 V 面,左、右腰是圆锥最后、最前素线的投影。这两条素线是 W 面投影中可见与不可见的分界线。

(三)圆球的投影

圆球的投影如图 2-78 所示。

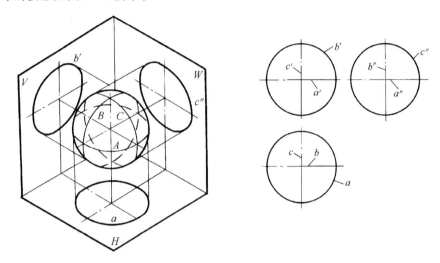

图 2-78　圆球的投影

圆球的三个投影面上的投影都是圆,它们的直径等于球的直径。

2.3　组合体的投影

组合体是由基本体(如棱锥、棱柱、圆锥、圆柱、圆球、圆环等)按一定规律组合而成的形体,组成方式有叠加、切割、综合(叠加＋切割)等。

(1)叠加式:由基本体叠加而成。(见图 2-79 和图 2-80)

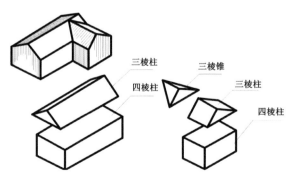

图 2-79　坡屋顶房屋的组成分析

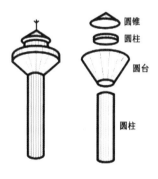

图 2-80　水塔的形体分析

(2)切割式:由基本体被一些面截割而成。(见图 2-81)

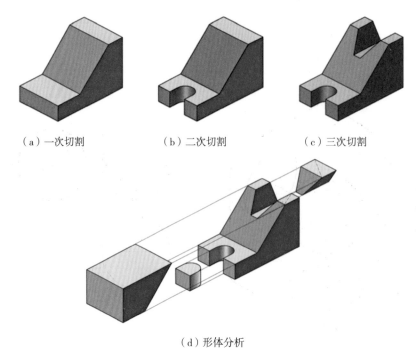

（a）一次切割   （b）二次切割   （c）三次切割

（d）形体分析

图 2-81 切割式组合体

（3）综合式：由基本体叠加和被截割而成。组合体的分解过程不唯一。（见图 2-82）

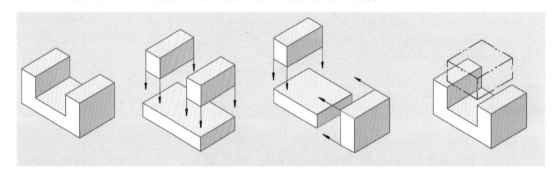

图 2-82 综合式组合体

注意：分解组合体是一种假想的分析问题的方法，实际上组合体是一个完整的整体。

一、组合体视图的识读

会读图是学习制图课程的主要目的之一。读图是根据视图想象出物体的空间形状和大小。我们已经学过由物到图的过程——投影，由图到物的读图过程往往要困难一些，因此，要熟练运用学过的投影规律和投影特性，加强训练，不断掌握读图的规律和方法。

读图的基本方法：抓住一个能反映物体主要特征的视图（一般为主视图），结合其他视图进行分析、判断。

通常，仅识读一个视图不能确定组合体的形状及其各形体间的相对位置。（见图 2-83）

形体之间的表面连接关系为平面过渡关系，不同组合体的视图中线的用法不同，如图 2-84 所示。

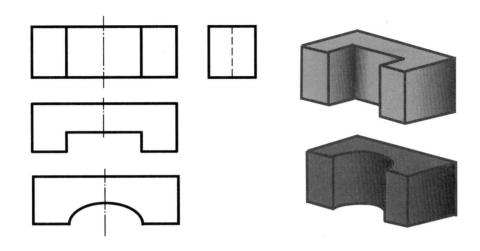

图 2-83 组合体的视图

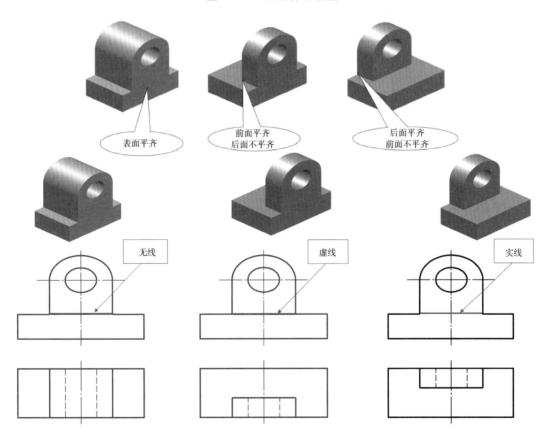

图 2-84 组合体视图中的实线与虚线

（一）识读组合体视图的基本要领

（1）将几个视图联系起来读图。

（2）找出形状特征视图和位置特征视图。抓住特征视图是看懂图的关键。（见图 2-85）

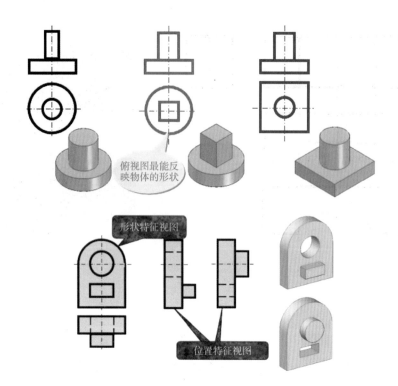

图 2-85　组合体的形状和位置特征

形状特征视图是最能反映物体形状特征的视图,它是识别形体的关键。

位置特征视图是最能反映物体位置的视图。

形状特征可能分散于各投影图,识读时利用三等关系确定形状位置。

(3)明确视图中线条和线框的含义。(见图 2-86)

视图中线条的含义包括:

①两表面交线的投影;

②转向轮廓线的投影。

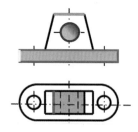

图 2-86　组合体中线条和线框的含义

(二)组合体读图方法和步骤

组合体视图识读方法包括组合体形体分析法和组合体线面分析,如图 2-87 和图 2-88 所示。识读步骤如下:

(1)抓特征分解形体。参照特征视图,分析形体的叠加和切割等。

(2)对投影确定形状。利用三等关系,找出每一部分的三个投影,想象各部分的形状。

（3）综合起来想整体。在看懂每部分形体的基础上，进一步分析它们的组合方式和相对位置关系，从而想象出整体的形状。

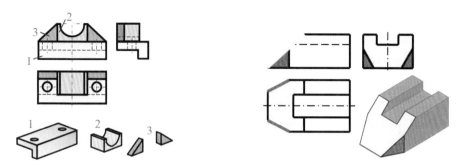

图 2-87　组合体形体分析法　　　　　　　　　图 2-88　组合体线面分析法

课堂练习

如图 2-89 所示，根据立体图找出相应三视图，并在括号内填写相应编号。

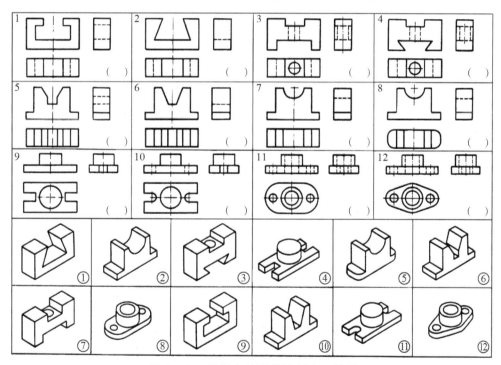

图 2-89　根据立体图找出相应三视图

二、组合体视图的画法

（一）组合体视图的绘制步骤

画组合体的视图时，一般按下列步骤进行：

（1）形体分析。

（2）选择视图。一般先选最重要的视图，即主视图。

（3）画出视图。

具体步骤为：选择适当的图幅和比例→布置视图（先定放置方式，再定投影方向）→画底图（注意，形体实际上是一个不可分割的整体，形体分析仅仅是一种假想的分析方法）→加深图线（如有不可见的线，就画成虚线）→标注尺寸→填写标题栏及文字说明等。

（二）组合体的绘制

示范作图

画图 2-90 所示的支架的三视图。

图 2-90　支架

步骤：

（1）形体分析：分析组成、相对位置、连接关系。

（2）确定安放位置：考虑正常位置、使主要表面平行于投影面等，确定主视图方向。支架投影方向分析如图 2-91 所示。一般选用 A 向。

（3）选择视图数量。

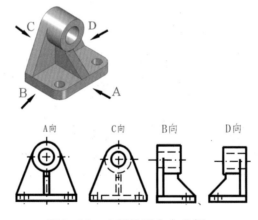

图 2-91　支架投影方向分析

（4）具体画图：

第一步，确定图幅。

第二步，画底稿：①先主后次——先轴线、对称中心线、主要轮廓线，后其他线条；②先可见，后不可见；③先真实或积聚，再其他。

第三步，绘制三面视图。

第四步，补充描深。（见图 2-92）

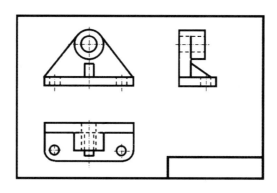

图 2-92　图线描深

示范作图

画图 2-93 所示零件的三视图。

(1)进行形体分析,如图 2-94 所示。

(2)考虑主视图投影方向,如图 2-95 所示,选用 A 方向。

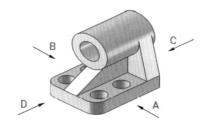

图 2-93　零件　　　　图 2-94　形体分析　　　　图 2-95　主视图投影方向

(3)绘图,如图 2-96 所示。

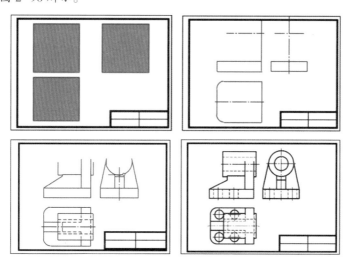

图 2-96　绘图

(三)绘制组合体三视图的基本方法

(1)看视图——以主视图为主,配合其他视图,进行初步的投影分析和空间分析。(见图 2-97)

（2）抓特征——找出反映物体特征较多的视图，在较短的时间里，对物体有个大概的了解。

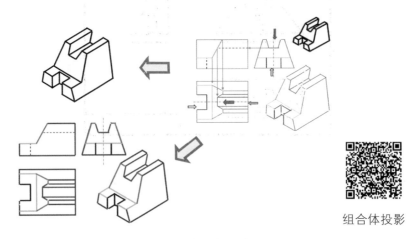

组合体投影

图 2-97　结合组合体绘制三视图

示范作图

画出图 2-98 所示组合体的三视图，如图 2-99 所示。

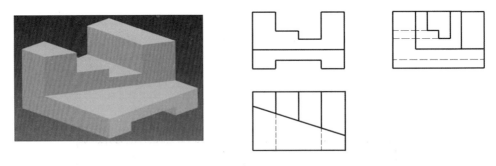

图 2-98　组合体　　　　　　　图 2-99　根据组合体绘制三视图

（四）已知组合体的两面视图，补画第三面视图

由组合体的两面视图补画第三面视图（简称"二补三"），是培养读图能力和检验读图效果的一种重要手段，也是培养分析问题和解决问题能力的一种重要方法。"二补三"的步骤是：先读图，后补图，再检查。

具体步骤：

（1）利用线面分析法，分析整体形状→分析细部形状→分析线面关系→综合分析，想象整体形状。

（2）填平补齐，确定原形状。

（3）画出原形状视图。

（4）分步画每次切割的投影。

（5）根据切割面的投影特性检查验证。

课堂练习

根据组合体的主、左视图（见图 2-100），补画俯视图。

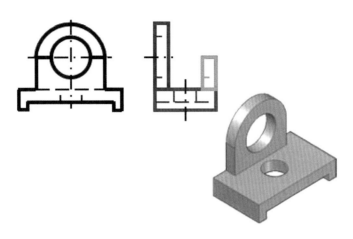

图 2-100 组合体 "二补三"

课堂练习

已知组合体的 V 面和 H 面投影(见图 2-101),求 W 面投影。

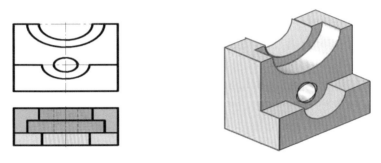

图 2-101 求组合体 W 面投影

正 Ⅲ

已知三面投影图如图 2-102 所示,想象并画出组合体。

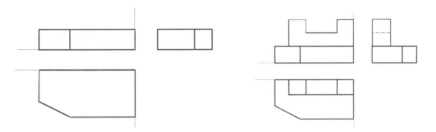

图 2-102 结合三面投影图想象组合体

三、组合体尺寸的标注

组合体的尺寸种类有定形尺寸、定位尺寸、总体尺寸三种。

定形尺寸:确定组合体中各基本体大小的尺寸。

定位尺寸:确定组合体中各基本体之间相互位置以及确定截切面位置的尺寸。

总体尺寸:确定组合体的总长、总宽和总高的尺寸。

(一)标注尺寸的基本要求

组合体的形状、大小及相互位置是由它的视图及所注尺寸来反映的。标注组合体尺寸的基本要求是正确、完整、清晰。

(1)正确。

所标注的尺寸数值要正确无误,注法要符合机械制图国家标准中有关尺寸注法的基本规定,且配置合理。

(2)完整。

根据所注尺寸必须能完全确定组合体的形状、大小及其相互位置,尺寸数量完整,不遗漏,不重复多注。尺寸标注要齐全,即标注尺寸必须不多不少,且能唯一确定组合体的形状、大小及其相互位置。标注组合体的尺寸通常采用形体分析法,将组合体分成若干个基本形体,标出其定形尺寸,再标注确定各基本形体的相互位置的定位尺寸,还要标注出组合体的总体尺寸。

(3)清晰。

尺寸的布局要整齐、清晰,便于查找和看图。尺寸标注要清晰,就是要恰当布局,便于查找和看图,不致发生误解和混淆。标注尺寸应注意以下几点:

①尺寸应尽可能标注在反映基本形体形状特征较明显、位置特征较清楚的视图上。组合体上有关联的同一基本形体的定形尺寸与其定位尺寸,尽可能集中标注在反映形状和位置特征明显的同一视图上,以便查找和看图。

②为保持图形清晰,尺寸应尽量注在视图外面,尺寸排列要整齐,且应使小尺寸在里(靠近图形)、大尺寸在外。否则,尺寸线与尺寸界线相交,显得紊乱。若图上有足够地方,能清晰地注写尺寸数字,又不影响图形的清晰,也可标注在视图内。

(二)常见基本形体的尺寸注法

常见基本形体的尺寸标注如图 2-103 所示。平面立体一般要标注长、宽、高三个方向的尺寸,回转体一般只要标注径向和轴向两个方向的尺寸,有时加上尺寸符号(直径符号 ϕ 及表示球的直径符号 $S\phi$)。如圆锥、圆柱、圆球、圆台等回转体,只需在不反映圆的视图上标注出带有直径符号的直径尺寸和轴向尺寸,就能确定它们的形状和大小,其余视图均可省略不画。

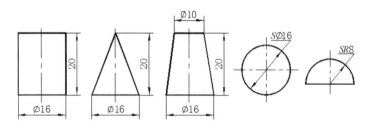

图 2-103　常见基本形体的尺寸标注

(三)标注组合体尺寸的方法和步骤

现以轴承座为例,说明标注组合体尺寸的方法和步骤。

（1）形体分析。

根据轴承座三视图，分清底板、支承板、加强板、圆筒轴承、凸台等部分的形状和位置。

（2）选定尺寸基准。

按组合体长、宽、高三个方向依次选定其尺寸基准。轴承座的左右端面可作为长度方向尺寸的基准，轴承座的前后对称平面可作为宽度方向尺寸的基准，轴承座的底板的底面可作为高度方向尺寸的基准。

（3）标注定位尺寸。

从组合体长、宽、高三个方向的主要基准和辅助基准出发依次注出各基本形体的定位尺寸。

（4）标注定形尺寸。

按形体分析，依次注全各基本形体的定形尺寸。

（5）进行尺寸调整，并标注总体尺寸。

由于定形尺寸、定位尺寸和总体尺寸可能会重复，因此，要进行检查、调整。组合体具有规律分布的多个相同的基本形体时，应避免重复标注尺寸。

轴承座的总体尺寸标注如图 2-104 所示。

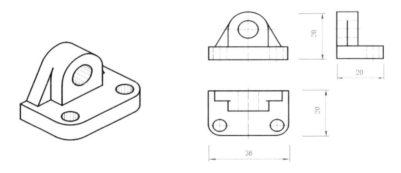

图 2-104 轴承座的总体尺寸标注

2.4 轴测图的绘制

一、轴测图的基本知识

（一）轴测图的形成

轴测图即是人们常说的立体图。如图 2-105 所示，将物体连同其直角坐标系一起投影到轴测投影面 P 上，投影方向与三个坐标轴都倾斜，得到的物体及三个坐标轴的投影叫作轴测图。具有立体感的轴测图主要用作工程上的辅助图样，学习轴测图也是学习制图识图的一部分。

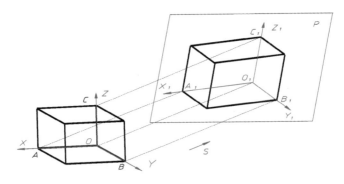

图 2-105　轴测图的形成

(二)轴测图的基本术语

(1)轴测轴。

轴测轴是指固联于物体上的三直角坐标轴 OX、OY 和 OZ 在轴测投影面上的投影,记作 O_1X_1、O_1Y_1 和 O_1Z_1。

(2)轴间角。

轴间角指轴测轴之间的夹角。轴测图种类不同,其轴间角大小亦不相同。轴测轴之间的夹角为 $\angle X_1O_1Y_1$、$\angle Y_1O_1Z_1$、$\angle X_1O_1Z_1$。

(3)轴向伸缩系数。

轴向伸缩系数是指物体上平行于坐标轴的线段在轴测图上的长度与实际长度之比,又叫轴向变形系数。

X 轴向变形系数:$p=O_1X_1/OX$。

Y 轴向变形系数:$q=O_1Y_1/OY$。

Z 轴向变形系数:$r=O_1Z_1/OZ$。

轴间角和轴向变形系数是轴测图的两组基本参数。

(三)轴测图的分类

用正投影法形成的轴测图叫正轴测图,用斜投影法形成的轴测图叫斜轴测图,如图 2-106 所示。

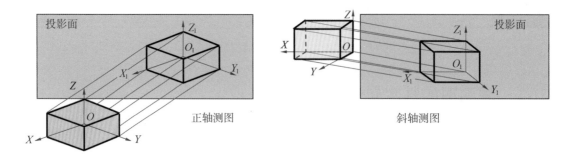

图 2-106　轴测图的分类

轴测图的不同类型及其参数如图 2-107 所示。

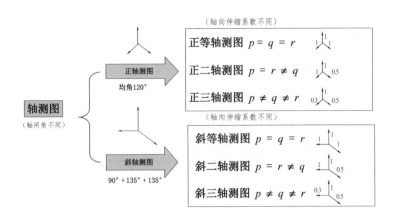

图 2-107 轴测图的不同类型及其参数

轴测图根据轴向变形系数等的不同,分为:

(1)正(斜)等轴测图:$p=q=r$。

(2)正(斜)二轴测图:$p=q \neq r$ 或 $p=r \neq q$ 或 $r=q \neq p$。

(3)正(斜)三轴测图:$p \neq q \neq r$。

工程中常用正等轴测图(简称正等测图)和斜二轴测图(简称斜二测图),因为它们作图简便,而且接近人的视角。

(四)轴测投影的基本特性

(1)平行性不变:物体上互相平行的线段在轴测图中仍互相平行。

(2)物体上平行于轴测投影面的直线或平面,对应投影反映实长、实形。

(3)画图时须沿轴向测量长度。这就是"轴测"的含义。

二、正等测图

(一)正等测图画法原理

用正投影法将物体向轴测投影面投射,所得到的图形称为正等轴测图,简称正等测图,如图 2-108 所示。

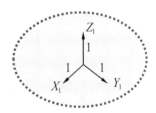

图 2-108 正等测图符号

正等测图画法原理:

(1)正——采用正投影方法。

(2)等——三轴测轴的轴间角相同;轴向伸缩系数相同。

(3)轴测轴——O_1Z_1 轴铅直。

(4)轴间角——$\angle X_1O_1Y_1 = \angle Y_1O_1Z_1 = \angle X_1O_1Z_1 = 120°$。

(5)轴向变形系数——$p=q=r=0.82$（理论）；$p=q=r=1$（实际）。

（二）正等测图的画法

以下主要介绍根据三面投影图画出正等测图的方法。

1. 坐标法

正轴测图的画法

坐标法是指，根据形体表面上各顶点的空间坐标，画出它们的轴测投影，然后依次连接成形体表面的轮廓线，即得该形体的轴测图。

示范作图

(1)已知长方体的三面投影图，画出其正等测图，如图 2-109 所示。

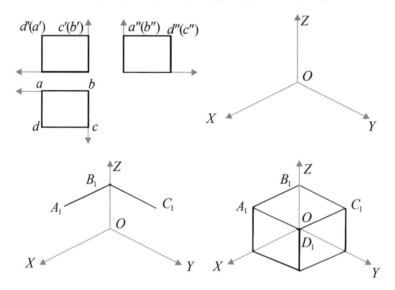

图 2-109　根据长方体的三面投影图画正等测图

(2)已知斜垫块的两面投影图，画出其正等测图，如图 2-110 所示。

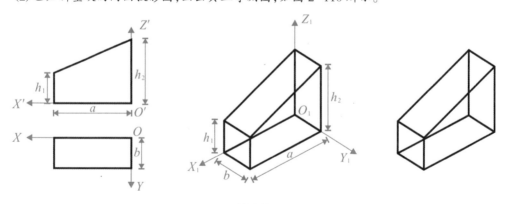

图 2-110　斜垫块的正等测图

步骤如下：

①在斜垫块两面投影图上选定直角坐标系；

②画出正等轴测轴，按尺寸 a、b，画出斜垫块底面的轴测投影；

③过底面的各顶点，沿 O_1Z_1 方向，向上作直线，并分别在其上截取高度 h_1 和 h_2，得斜垫块顶面的各顶点；

④连接各顶点，画出斜垫块顶面；

⑤擦去多余图线，描深，即完成斜垫块的正等测图。

2. 叠加法

叠加法是指，将采用叠加式或其他方式组合而成的组合体，通过形体分析，分解成几个基本形体，再依次按其相对位置引出各个部分，最后完成组合体的轴测图绘制。

> **示范作图**

作出独立基础的正等测图，如图 2-111 所示。

分析：该独立基础可以看作是由 3 个四棱柱上下叠加而成，分解后依次绘出即可。

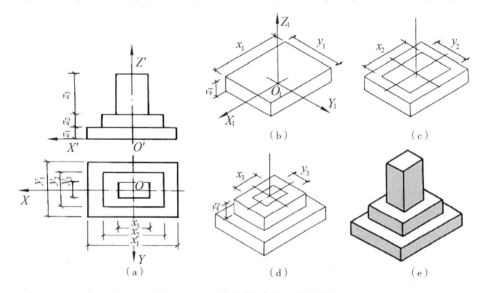

图 2-111　独立基础的正等测图

> **示范作图**

已知墩基础的正投影图，画出其正等测图，如图 2-112 所示。

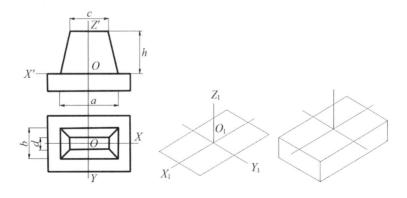

图 2-112　墩基础的正等测图

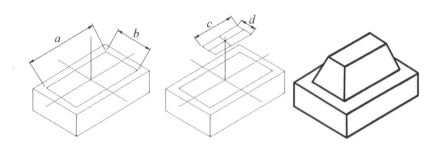

续图 2-112

3. 特征面法

特征面法是指,先画出能反映物体形状特征的一个可见底面(称为特征面),然后画出平行于轴测轴的所有可见侧棱,再连出另一底面,完成物体的轴测图绘制。

示范作图

已知台阶正投影图,画出其正等测图,如图 2-113 所示。

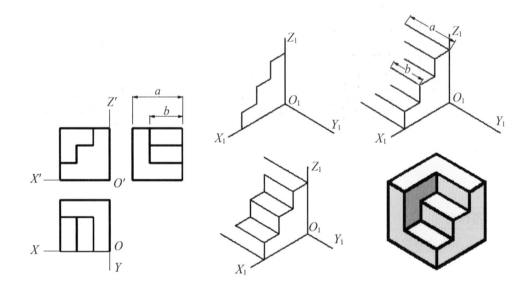

图 2-113 台阶的正等测图

(三)正等测图中椭圆及圆角的画法

1. 椭圆的画法:菱形法

物体上平行于坐标面的圆的正等测图是椭圆,可用菱形法绘制(见图 2-114),椭圆的长、短轴与轴测轴有关系。椭圆长轴垂直于圆所平行坐标面不包括的一根轴测轴,短轴平行于该轴。图 2-115 所示为三个坐标面上相同直径圆的正等测投影,它们是形状相同的三个椭圆。

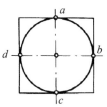

（a）平行于 H 面的圆

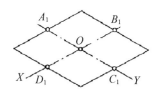

（b）画出中心线及外切菱形

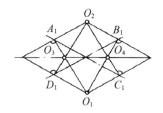

（c）求四个圆心

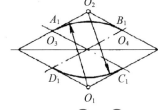

（d）画 $\widehat{A_1B_1}$ 和 $\widehat{C_1D_1}$

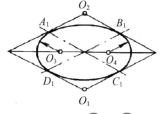

（e）画 $\widehat{A_1D_1}$ 和 $\widehat{B_1C_1}$

图 2-114　菱形法

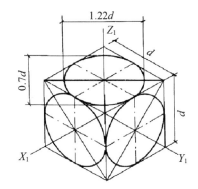
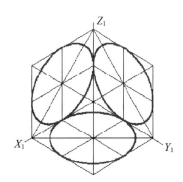

图 2-115　各坐标面上圆的正等测图

示范作图

已知柱基的正投影图，画出其正等测图，如图 2-116 所示。

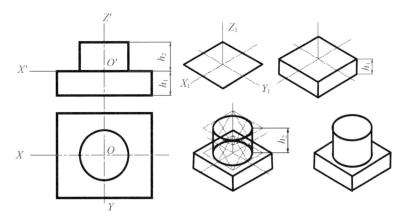

图 2-116　柱基的正等测图

2. 圆角的画法

图 2–117(a)所示平面图形上有四个圆角,每一段圆弧相当于整圆的四分之一。其正等测图画法参见图 2–117(b)。每段圆弧的圆心是过外接菱形各边中点(切点)所作垂线的交点。图 2–117(c)是图 2–117(a)所示平面图形的正等测图。其中圆弧 D_1B_1 是以 O_2 为圆心、R_2 为半径画出;圆弧 B_1C_1 是以 O_3 为圆心、R_3 为半径画出。D_1、B_1、C_1 等各切点,均利用已知的 r 来确定。

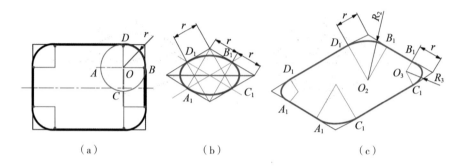

图 2–117　圆角的正等测图画法

示范作图

作出带圆角的矩形板的正等测图,如图 2–118 所示。

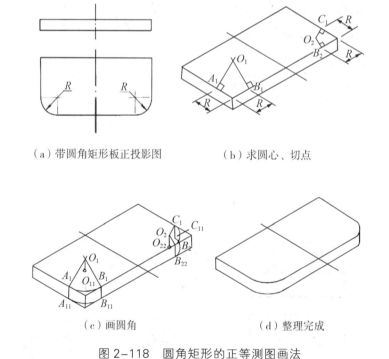

（a）带圆角矩形板正投影图　　　（b）求圆心、切点

（c）画圆角　　　　　　　　（d）整理完成

图 2–118　圆角矩形的正等测图画法

三、斜二测图

将物体连同其参考直角坐标系,沿不平行于任一面、倾斜于轴测投影面的方向,所画出的

用平行投影法将其投射在单一投影面上所得的具有立体感的三维图形,即为斜轴测图,将平行于OY轴的棱线画为其实际长度的1/2,则成为斜二轴测图,简称斜二测图,如图2-119所示。

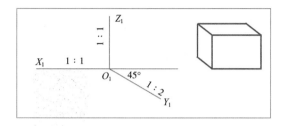 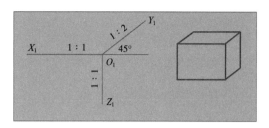

图2-119 斜二测图

轴向伸缩系数:$p=r=1$,$q=0.5$。

轴间角:$\angle X_1O_1Z_1=90°$,$\angle Y_1O_1Z_1=\angle X_1O_1Y_1=135°$。

斜二测图是使轴测投影面平行于某一坐标面,这样,不论投影方向如何,平行于这个坐标面的图形的投影总反映实形。斜二测图的特点是作图简便。当物体的正面平行于轴测投影面时,作出的斜二测图叫作正面斜二测图;当物体的水平面平行于轴测投影面时,叫作水平面斜二测图。

(一)正面斜二测图

正面斜二测图(见图2-120、图2-121)的特性如下:

(1)不管投射方向如何倾斜,平行于轴测投影面的平面图形的轴测投影反映实形。

(2)相互平行的直线,其正面斜二测图中的投影仍相互平行;平行于坐标轴的线段的正面斜二测投影与线段实长之比,等于相应的轴向伸缩系数。

(3)垂直于投影面的直线,它的轴测投影方向和长度,将随着投影方向的不同而变化。

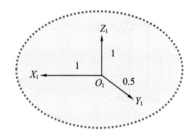

图2-120 正面斜二测图

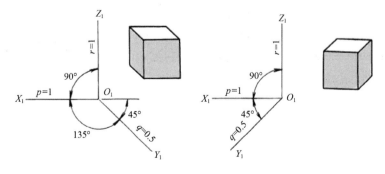

图2-121 正面斜二测图相关参数

1. 正面斜二测图的要素

轴测轴：O_1Z_1 轴铅直。

轴间角：$\angle X_1O_1Z_1=90°$，$\angle X_1O_1Y_1=\angle Y_1O_1Z_1=135°$。

轴向变形系数：$p=r=1$，$q=0.5$。

当轴向伸缩系数 $p=q=r=1$ 时，作出的斜轴测图称为正面斜等测图。

2. 正面斜二测图的画法

正面斜二测图的画法以端面法为主，由于物体上平行于 V 面的面的投影反映实形，因而在画图的顺序上，先画反映实形的面，然后沿 OY 向截取 1/2 宽度。

斜轴测图的画法

> **示范作图**

(1) 作出台阶的正面斜二测图，如图 2-122 所示。

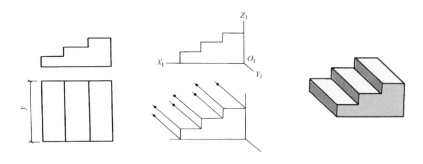

图 2-122　台阶的正面斜二测图

(2) 作拱门的正面斜二测图，如图 2-123 所示。

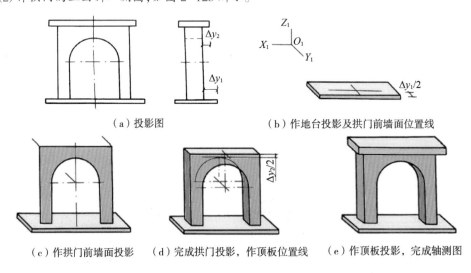

（a）投影图　　　　　　　　（b）作地台投影及拱门前墙面位置线

（c）作拱门前墙面投影　　（d）完成拱门投影，作顶板位置线　　（e）作顶板投影，完成轴测图

图 2-123　拱门的斜二测图

（二）水平面斜二测图

如果形体仍保持正投影的位置，而用倾斜于某一面的轴测投影方向，向平行于该面的轴测投影面进行斜二测投影，所得斜轴测图称为水平面斜二测图，如图 2-124、图 2-125 所示。

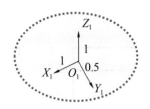

图 2-124 水平面斜二测图

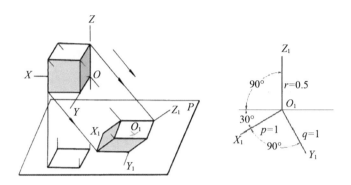

图 2-125 水平面斜二测图相关参数

1. 水平面斜二测图的要素

轴测轴:O_1Z_1 轴铅直。

轴间角:$\angle X_1O_1Z_1=120°$,$\angle X_1O_1Y_1=90°$,$\angle Y_1O_1Z_1=150°$。O_1X_1 轴与水平线夹角为 $30°$,O_1Y_1 轴与水平线夹角为 $60°$。

轴向变形系数:$p=q=1$,$r=0.5$(或 1)。

2. 水平面斜二测图的画法

水平面斜二测图适用于画水平面上有复杂图案的形体,故在工程上常用来绘制一个区域(建筑群)的总平面布置图(见图 2-126),或绘制一幢建筑物的水平剖面图。

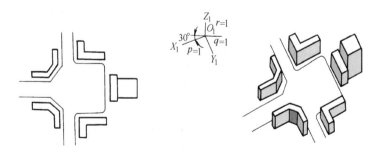

图 2-126 水平面斜二测总平面图

正 III

(1)请简述轴测图的分类。

(2)根据图 2-127 所示图形的三面投影图画出组合体的正等测图。

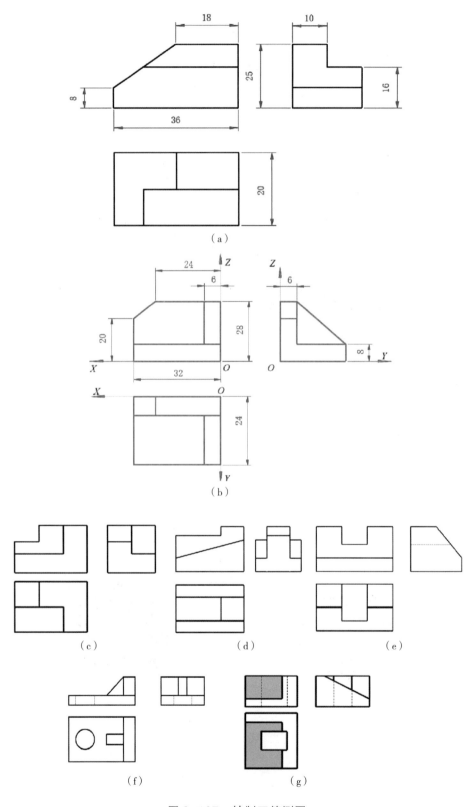

图 2-127　绘制正等测图

2.5 剖面图与断面图的绘制

一、建筑形体的表达

将物体放在正六面体的中间,置于观察者与投影面之间,从物体的前、后、左、右、上、下六个方向朝六个基本投影面投影,这样得到的六个视图称为基本视图。

六个基本视图的形成:

正视图——从前向后看。

俯视图——从上向下看。

左视图——从左向右看。

后视图——从后向前看。

仰视图——从下向上看。

右视图——从右向左看。

六面投影的展开如图 2-128 所示。

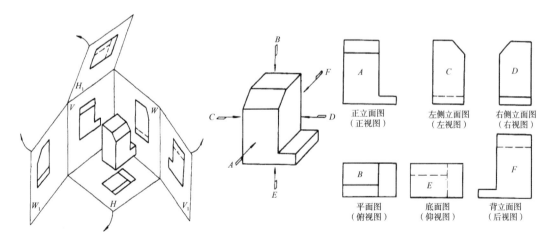

图 2-128 六面投影的展开

二、剖面图的绘制

在画物体的正投影图时,虽然能表达清楚物体的外部形状和大小,但物体内部的孔洞以及被外部遮挡的轮廓线需要用虚线来表示,当物体内部的形状较复杂时,在投影中就会出现很多虚线,且虚线相互重叠或交叉,既不便看图,又不利于标注尺寸,而且难于表达出物体所用的材料。

（一）剖面图的概念

假想用剖切面（平面或曲面）剖开物体，将处在观察者与剖切面之间的部分移去，将剩下部分向投影面投影，所得到的图形称为剖视图（简称剖视）或剖面图。剖面图主要用于表达物体的内部结构或形状，包括物体内部的孔、洞、槽。（见图 2-129 和图 2-130）

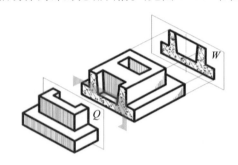

假想用剖切平面Q将基础剖开并向W面进行投影

图 2-129　剖面图的形成

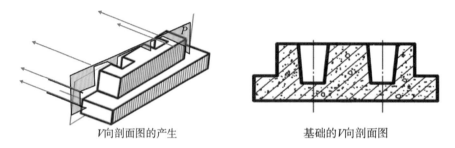

V向剖面图的产生　　　　　　　　基础的V向剖面图

图 2-130　不同方向的剖面图

必须指出：剖切平面是假想的，其目的是表达物体内部形状，故除了剖面图和断面图外，其他各投影图均按原来未剖时画出。一个物体无论被剖切几次，每次剖切投影均按完整的物体进行。另外，若采用通过物体对称平面的剖切位置、习惯使用的位置或按基本视图排列的位置，则可以不注写图名，也无须进行剖面标注。

（二）剖面图的画法

1. 确定剖切平面的位置

剖切平面应平行于投影面，且尽量通过物体的孔、洞、槽的中心线。如要将 V 面投影画成剖面图，则剖切平面应平行于 V 面；如要将 H 面投影或 W 面投影画成剖面图，则剖切平面应分别平行于 H 面或 W 面。

2. 剖面图的图线及图例

物体被剖切后所形成的断面轮廓线，用粗实线画出；物体未剖到部分的投影轮廓线用较细实线画出；看不见的虚线，一般省略不画。

为使物体被剖到部分与未剖到部分区别开来，使图形清晰可辨，应在断面轮廓范围内画上表示其材料种类的图例。当不必指明材料种类时，应在断面轮廓范围内用45°细实线画上剖面线，同一物体的剖面线应方向一致，间距相等。（见图 2-131）

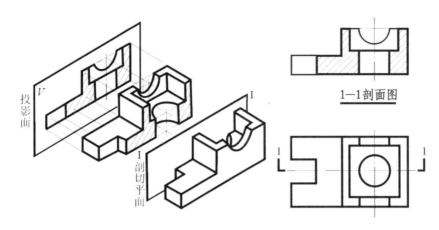

图 2-131　基础 1-1 剖面图

3. 剖面图的标注

为了便于看图时了解剖切位置和投影方向,寻找投影的对应关系,还应对剖面图进行以下的标注。

1) 剖切符号

剖面的剖切符号,应由剖切位置线及剖视方向线组成,均应以粗实线绘制。剖切位置线的长度为 6~10mm;剖视方向线应垂直于剖切位置线,长度为 4~6mm。绘图时,剖面剖切符号不宜与图面上的图线相接触。

2) 剖面剖切符号的编号

在剖视方向线的端部宜按顺序由左至右、由下至上用阿拉伯数字编排注写剖面编号,并在剖面图的下方正中分别注写"1-1 剖面图""2-2 剖面图""3-3 剖面图"等,以表示图名。图名下方还应画上粗实线,粗实线的长度宜与图名字体的总长度相等。(见图 2-132)

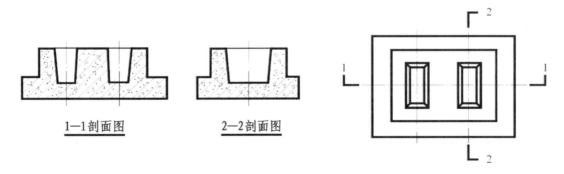

图 2-132　基础 1-1、2-2 剖面图

4. 绘制剖面图的注意事项

(1) 剖视图是假想的,因此其他投影图中的线是完整的。

(2) 在选择剖切位置时,尽可能通过主要对称轴线,且剖切位置只能在其他视图中反映出来。

(3) 应防止漏线,(切开后的孔、洞)剖面线的方向在各视图中要一致。

（三）剖面图的种类与应用

(1) 全剖面图——用一个剖切平面将物体全部剖开。

(2) 半剖面图——如果形体对称,画图时常把投影图一半画成剖面图,另一半画成外观图,这样组合而成的投影图叫作半剖面图。(见图 2-133、图 2-134)

半剖面图特点:可在一个图形中同时表达内部结构和外部形状。

画半剖面图时应注意几点:

①半剖面图中的剖面图和外观图应以对称面或对称线为界,对称面或对称线用细单点长画线表示。

②半剖面图一般应画在水平对称轴线的下侧或竖直对称轴线的右侧。

③半剖面图可以不画剖切符号。

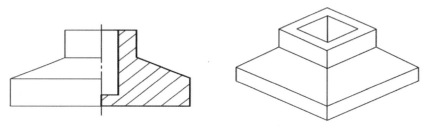

图 2-133   半剖面图

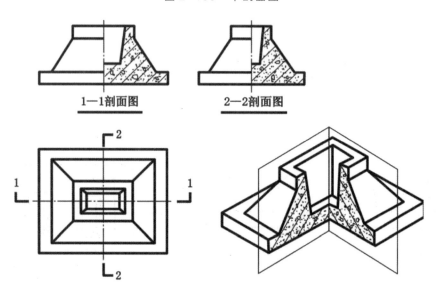

图 2-134   杯形基础的半剖面图

(3) 阶梯剖面图——用两个或两个以上平行的剖切面剖切。

当用一个剖切平面不能将物体需要表达的内部都剖到时,可以将剖切平面直角转折成相互平行的两个或两个以上剖切平面,由此得到的剖面图就称为阶梯剖面图。(见图 2-135)

画阶梯剖面图时,在剖切平面的起始及转折处,均要用粗短线表示剖切位置和投影方向,同时注上剖面编号。如不与其他图线混淆,直角转折处也可以不注写编号。另外,由于剖切面是假想的,因此,剖面图中两个剖切面的转折处不应画分界线。

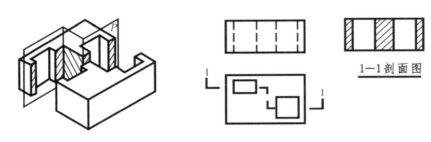

图 2-135 阶梯剖面图

(4) 局部剖面图——当仅仅需要表达形体的某局部内部构造时,可以只将该局部剖切开,只作该部分的剖面图,此类剖面图称为局部剖面图。(见图 2-136)

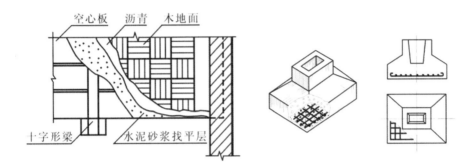

图 2-136 局部剖面图

画局部剖面图时应注意:

①用波浪线分界(看作断裂面的投影),波浪线不可与轮廓线重合。

②波浪线画在实体部分,不能穿孔而过。

波浪线的图示方式如图 2-137 所示。

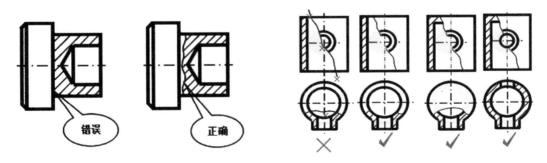

图 2-137 波浪线的图示方式

(四)剖面图的尺寸标注

剖面图尺寸标注的基本规则与组合体的尺寸标注相同。不同处在于:

(1)内部尺寸和外形尺寸要分开标注。

(2)注内部尺寸,画一边的尺寸界线和单箭头,尺寸线超过中心线 3~5 mm。

课堂练习

请完成图 2-138 中 1—1、2—2、3—3 剖面图。

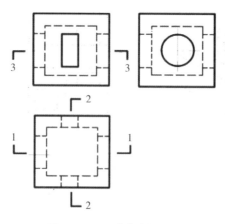

图 2-138　求作剖面图

三、断面图的绘制

(一)断面图的概念

　　剖切平面剖开物体后,剖切平面与物体的截交线所围成的平面图形,就称为断面(或截面)。如果只把这个断面向剖切平面所平行的投影面进行投影,所得的图则称为断面图。

(二)断面图的画法

　　假想用剖切平面将形体剖切开,将剖切平面与形体接触部分向相应承影面投影而得到断面图。断面图剖切符号仅用剖切位置线表示,剖切位置线仍用粗实线,长 6~10 mm;不画剖视方向线;编号写在投影方向的一侧。

(三)断面图的种类与应用

　　断面图主要用于表达形体或构件的断面形状,根据其安放位置不同,一般可分为移出断面图、中断断面图和重合断面图三种形式。

　　1. 移出断面图

　　将形体某一部分剖切所形成的断面的投影移画于原投影图旁边,形成的断面图叫作移出断面图。

　　1)移出断面的画法和配置

　　(1)轮廓线用粗实线。

　　(2)尽量配置在剖切位置线的延长线上。

　　(3)剖切面与被剖切部分的主要轮廓线垂直。

　　(4)当断面对称时,可画在视图的中断处。

　　(5)由两个或两个以上相交平面剖切的移出断面,断面图可画在一起,中间要断开。

　　(6)当剖切面通过由回转面形成的孔或凹坑的轴线时,按剖面图绘制。

　　2)移出断面图的标注

　　(1)移出断面不在剖切位置线的延长线上时,以全称标注剖切位置、投影方向、名称等。

（2）断面对称且置于剖切位置线的延长线或视图中断处,可省略标注。

（3）断面对称或断面不对称但按投影关系配置,可省箭头。

（4）断面不对称但置于剖切位置线延长线上时,不注名称。

示范作图

完成1—1、2—2断面图,如图2-139所示。

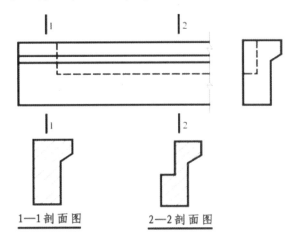

1—1剖面图　　2—2剖面图

图2-139　作1—1、2—2断面图

2.中断断面图

将断面图画于物体中断处,形成的断面图叫作中断断面图。此类断面图常不画剖切符号,适合于外形简单细长的杆件。

3.重合断面图

将断面图直接画于投影图中,使断面图与投影图重合在一起,形成的断面图称为重合断面图。

1）重合断面图的画法

（1）轮廓线用细实线。

（2）当视图中的轮廓线与重合断面图的图形重叠时,视图中的轮廓线要完整画出,不能中断。

（3）重合断面图只适用于断面形状简单的形体。

2）重合断面图的标注

（1）断面对称时,不加标注。

（2）断面不对称时,须注出剖切位置线和投影方向。

（四）剖面图与断面图的区别

（1）断面图只画出物体被剖开后断面的实形,而剖面图要画出被剖开后整个剩余部分的投影。

（2）断面图是截面的投影,而剖面图是剖开的物体的投影;剖面图包含了断面图,而断面图只是剖面图中的一部分。

剖面图与断面图

示范作图

完成台阶 1—1 剖面图和 1—1 断面图,如图 2-140 所示。

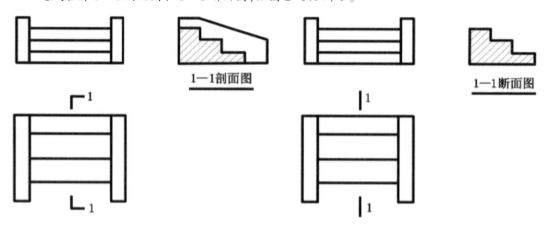

图 2-140　作台阶的 1—1 剖面图和 1—1 断面图

(1)请简述剖面图的投影原理。

(2)请简述剖面图的分类。

(3)请简述剖面图剖切符号的组成。

(4)请简述断面图剖切符号的组成。

(5)请简述剖面图和断面图的区别。

(6)完成图 2-141 中 1—1 和 2—2 剖面图。

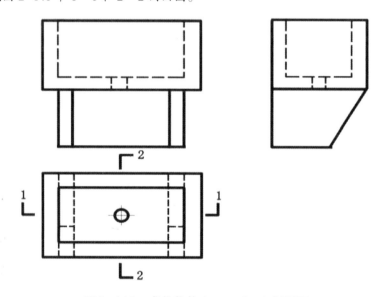

图 2-141　求作物体 1—1、2—2 剖面图

(7)完成图 2-142 所示形体的水平半剖面图。

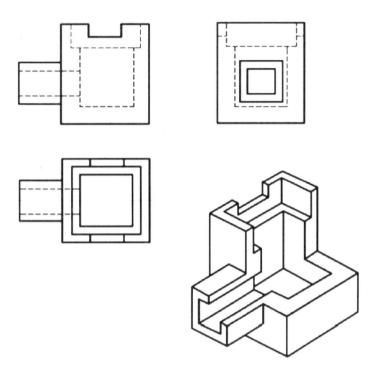

图 2-142 求作形体水平半剖面图

课题 3

识读工程图

SHIDU GONGCHENGTU

知识目标

会识别各种施工图常用的符号、材料、构造及配件图例;掌握工程图的阅读方法及步骤。

能力目标

能够独立识读并抄绘工程图纸。

教学项目

识读建筑工程图。

课程内容

3.1 建筑工程图的概述
3.2 建筑施工图的识读
3.3 结构施工图的识读
3.4 装饰施工图的识读
3.5 给水排水施工图的识读

课程思政实施

课程思政元素:
工匠精神、精准。
课程思政切入点:
1.课前PPT展示插图。
2.播放画图视频。
3.学生协作识读施工图。
4.课后图片互动。
教学方法活动:
图片展示、问题导向、案例分析、小组讨论。
课程思政目标:
1.使学生自觉坚持一切按规矩办事的原则,遵守国家法律、法规和政策的要求。
2.培养学生遵守"诚信、公正、精业、进取"的原则、以高质量的服务和优秀的业绩赢得社会和客户对设计师职业的尊重的信念。

3.1 建筑工程图的概述

一、建筑的分类

建筑是为满足人们日常生活和社会活动需要而建造的,可以划分为建筑物和构筑物。建筑物是为人们生产、生活或其他活动提供场所的建筑,如住宅、医院、学校、影剧院、厂房等。构筑物是人们不在其中活动的建筑,如水塔、烟囱等。

建筑可以从不同的角度进行分类,常见的分类方式主要有以下几种。

1. 按照建筑的使用性质进行分类

(1)民用建筑:包括居住建筑(如普通住宅、宿舍、公寓、别墅等)和公共建筑(如学校、医院、影剧院等)。

(2)工业建筑:包含各种生产用房和生产辅助用房(如工业厂房、工业检验室等)。

(3)农业建筑:包括饲养牲畜、贮存农具和农产品的用房,以及农业机械用房(如饲料加工场,鸡舍、马房等)等。

2. 按照建筑物的层数进行分类

(1)低层建筑为一至三层;

(2)多层建筑为四至六层;

(3)中高层建筑为七至九层;

(4)高层建筑为十层及以上。

3. 按照承重结构的材料进行分类

(1)砖混结构:用砖墙(柱)、钢筋混凝土楼板及屋面板作为主要承重构件,属于墙承重结构体系。

(2)钢筋混凝土结构:以钢筋混凝土构件作为建筑的主要承重构件,多属于骨架承重结构体系。

(3)钢结构:建筑的主要承重构件全部采用钢材。

4. 按照建筑承重结构体系形式进行分类

(1)墙承重:由墙体承受建筑的全部荷载,并把荷载传递给基础的承重体系。这种承重体系适用于内部空间较小、建筑高度较小的建筑。

(2)骨架承重:由钢筋混凝土或型钢组成的梁柱体系承受建筑的全部荷载,墙体只起围护和分隔作用的承重体系,适用于跨度大、荷载大、高度大的建筑。

(3)内骨架承重:建筑内部由梁柱体系承重,四周用外墙承重。

(4)空间结构承重:由钢筋混凝土或型钢组成的空间结构承受建筑的全部荷载,如网架、悬索、壳体等。

二、建筑的组成

建筑通常是由基础、墙体或柱、门窗、楼梯、楼地层、屋顶等几大主要部分组成,如图3-1、图3-2所示。

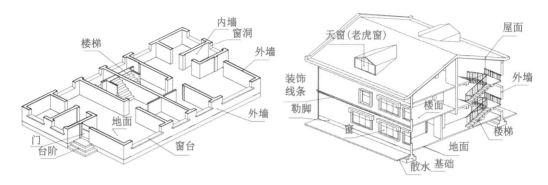

图3-1 建筑的组成

图3-2 建筑剖视图

(1)基础:建筑最下部的承重构件,承担建筑的全部荷载,并下传给地基。

(2)墙体或柱:墙体是建筑的承重和围护构件。在框架承重结构中,柱是主要的竖向承重构件。

(3)门窗:门主要用于内外交通联系及分隔房间,窗的主要作用是采光和通风。门窗属于非承重构件。

(4)楼梯:楼房建筑的垂直交通设施,供人们平时上下和紧急疏散使用。

(5)楼地层:楼房建筑中的水平承重构件,包括底层地面和中间的楼板层。

(6)屋顶:建筑顶部的承重和围护构件,一般由屋面、保温(隔热)层和承重结构三部分组成。

建筑的次要组成部分有阳台、雨篷、台阶、散水、通风道等。

将一幢房屋的内外形状和大小,以及各部分的结构、装修、设备等内容,按照建筑制图标准的规定,用正投影的方法,详细准确地表达出来的图,称为房屋建筑图,简称为房屋图。

三、常用建筑术语

横墙:沿建筑宽度方向的墙。

纵墙:沿建筑长度方向的墙。

进深:纵墙之间的距离,以轴线为基准。

开间:横墙之间的距离,以轴线为基准。

山墙:外横墙。

女儿墙:外墙高出屋面的部分。

层高:相邻两层的地坪高度差。

净高:构件下表面与地坪(楼地板)的高度差。

建筑面积:建筑所占面积 × 层数。

使用面积:房间内的净面积。

交通面积:建筑物中用于通行的面积。

构件面积:建筑构件所占用的面积。

绝对标高——青岛市外黄海海平面年平均高度为 +0.000 标高。

相对标高——建筑物底层室内地坪为 +0.000 标高。

四、房屋建筑相关知识

1. 房屋建筑各部分的作用

房屋建筑各部分作用如下:

(1)承重。直接或间接支承风、雨、雪、人、物和房屋自重等荷载。

(2)防护。防止风、沙、雨、雪和阳光的侵蚀或干扰。

(3)交通。沟通房屋内外或上下交通。

(4)通风、采光。

(5)排水。

(6)保护墙身。保护内墙,如踢脚等;保护外墙,如勒脚、防潮层等。

2. 砖及砖墙尺寸

普通标准砖规格尺寸为 53 mm × 115 mm × 240 mm。

砖墙(用砖和砂浆砌成)标志尺寸(单位为 mm):

(1)半砖墙(12墙):厚为 120(实厚 115)。

(2)3/4砖墙(18墙):厚为 180。

(3)一砖墙(24墙):厚为 240(砖厚 240)。

（4）一砖半墙：厚为 370（砖厚 355，灰缝 15）。

（5）两砖墙：厚为 490（砖厚 480，灰缝 10）。

砖及砖墙的构造示例见图 3-3。

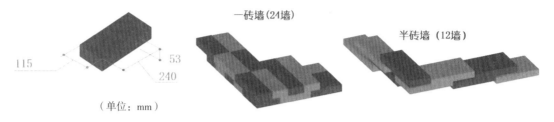

图 3-3　砖及砖墙的构造示例

五、建筑工程图

（一）概述

描绘房屋建筑具体情况的方法如图 3-4 所示。

图 3-4　描绘房屋建筑具体情况的方法

在工程技术界，人们根据投影的基本原理并按一定规则绘制的房屋建筑的图样叫作建筑工程图，如图 3-5 所示。

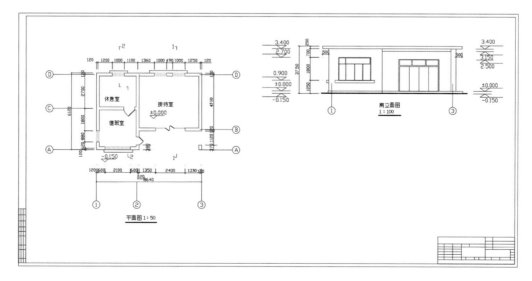

图 3-5　建筑工程图

工程图样是"工程技术界的共同语言",是用来表达设计意图、交流技术思想的重要工具,也是用来指导生产、施工、管理等技术工作的重要技术文件。

建造工厂、住宅、学校或其他建筑物,都要根据图纸施工。建筑工程图常用来表示建筑物的形状、大小、材料、做法、结构构造方式以及技术要求等,是建筑施工的依据。

(二)分类

1. 按设计过程来分

①方案图。

②初步设计图。

③扩大初步设计图或技术设计图。

④施工图。

⑤竣工图。

2. 按施工图专业或工种来分

(1)建筑施工图(建施)。

建筑施工图,简称建施,它一般由设计部门的建筑专业设计人员进行设计绘图。建筑施工图主要反映一个工程的总体布局,表明建筑物的外部形状、内部布置情况以及建筑构造、装修、材料、施工要求等,用来作为施工定位放线、明确内外装饰做法的依据,同时也是绘制结构施工图和设备施工图的依据。建筑施工图包括建筑设计说明和建筑总平面图、建筑平面图、立面图、剖面图等基本图纸,墙身剖面图,以及楼梯、门窗、台阶、散水、浴厕等的详图和材料做法说明,等等。

(2)结构施工图(结施)。

结构施工图(结施)是表达建筑的结构类型、结构构件的布置、形状、连接、大小及详细做法的图样,包括结构设计说明、结构平面布置图和构件详图等内容。具体包括:基础平面图、基础详图、楼层及屋盖结构平面图、楼梯结构图和各构件(梁、柱、板)的结构详图。

(3)装饰施工图。

装饰施工图是反映建筑室内外装修做法的施工图,包括装饰设计说明、装饰平面图、装饰立面图和装饰详图。

(4)设备施工图(设施)。

设备施工图又分为给水排水施工图、采暖通风施工图和电气施工图等。一般包括设计说明、平面布置图、空间系统图和详图。设备施工图常用来表达房屋各专用管线和设备布置及构造情况,具体包括给水排水沟、采暖通风、电气照明等设备的平面布置图、系统图和施工详图等。

3.2 建筑施工图的识读

一、首页图和建筑总平面图

（一）首页图

首页图是建筑施工图的第一页，它的内容一般包括图纸目录、设计总说明、建筑总平面图、材料及做法、门窗表等的位置、图号顺序等。

（二）建筑总平面图

1. 建筑总平面图的形成

将新建工程四周一定范围内的新建、拟建、原有和需拆除的建筑物、构筑物及其周围的地形、地物，用直接正投影法和相应的图例画出的图样，即建筑总平面布置图，简称建筑总平面图。

2. 图示方法及用途

建筑总平面图能反映出建筑物平面位置、朝向、标高及周围环境等，它是新建筑定位、放线及布置施工现场、施工定位、土方施工及施工总平面设计的重要依据。

3. 图示内容

（1）表明建筑区内建筑物位置、层数、道路、室外场地和绿化等的情况。

（2）表明新建或扩建建筑物的具体位置，以米为单位标出定位尺寸或标高。

（3）注明新建房屋室内地面、室外整平地面和道路的绝对标高。

（4）画出指北针或风向玫瑰图，以表示该地区朝向和常年风向、频率。

建筑总平面图部分图例如图3-6所示。

常用图线如下：

（1）粗实线：新建建筑物的可见轮廓线。

（2）中实线：新建构筑物、道路、桥涵、围墙、边坡、挡土墙等的可见轮廓线。

（3）中虚线：计划预留建（构）筑物等的轮廓。

（4）细实线：原有建筑物、构筑物、建筑坐标网格等。

与建筑总平面图有关的标注如下。

（1）建（构）筑物定位。

用尺寸和坐标定位，均以米为单位，注至小数点后两位。（见图3-7）

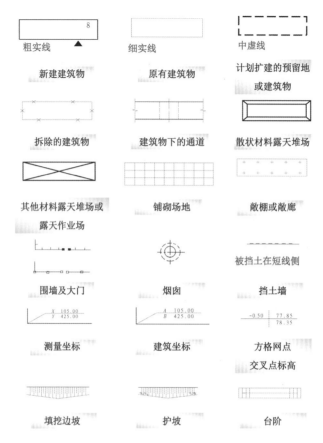

图 3-6　建筑总平面图部分图例

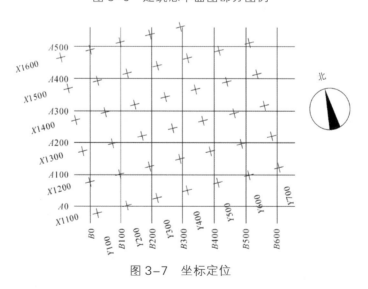

图 3-7　坐标定位

①坐标。

测量坐标:与地形图同比例的 $50\,\mathrm{m} \times 50\,\mathrm{m}$ 或 $100\,\mathrm{m} \times 100\,\mathrm{m}$ 的方格网。X 为南北方向轴线;Y 为东西方向轴线。测量坐标网交叉处画成十字线。

建筑坐标:建筑物、构筑物平面与测量坐标网不平行时常用。A 轴相当于测量坐标中的 X 轴,B 轴相当于测量坐标中的 Y 轴。

②尺寸。用新建建(构)筑物对原有并保留的建(构)筑物的相对尺寸定位。

(2)建(构)筑物的尺寸标注。

新建建(构)筑物的总长和总宽应标注在建筑总平面图上。

(3)标高。

标高分绝对标高和相对标高。建筑总平面图中一般标注绝对标高,以米为单位,注至小数点后两位。(见图3-8)

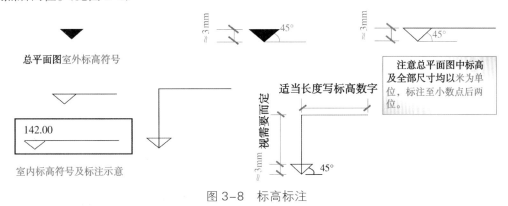

图3-8 标高标注

(4)指北针。

指北针规定画法:圆的直径宜为24 mm,用细实线绘制;指针尾部的宽度宜为3 mm,指针头部应注"北"或"N"。(见图3-9)

图3-9 指北针

(5)房屋的楼层数。

用建筑物图形右上角的小黑点数或数字表示房屋的楼层数。

(6)建筑物、构筑物的名称。

建筑物、构筑物的名称宜直接标注在图上,必要时可列表标注(编号圆为ϕ6,细实线)。

(7)风向频率玫瑰图。

风向频率玫瑰图简称风玫瑰,如图3-10所示。

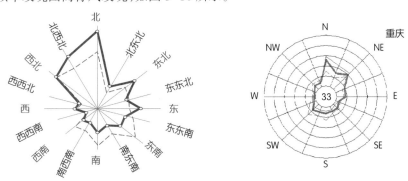

图3-10 风向频率玫瑰图

4.建筑总平面图的识读

(1)看图名、比例、图例及有关的文字说明。

(2)了解工程性质、用地范围和周围环境情况。

(3)了解地形情况和地势高低。

(4)了解拟建房屋顶平面位置和定位依据。

(5)了解拟建房屋的朝向和主要风向。

(6)了解道路交通及管线布置情况。

(7)了解绿化、美化的要求和布置情况。

建筑总平面图识读示例见图3-11。

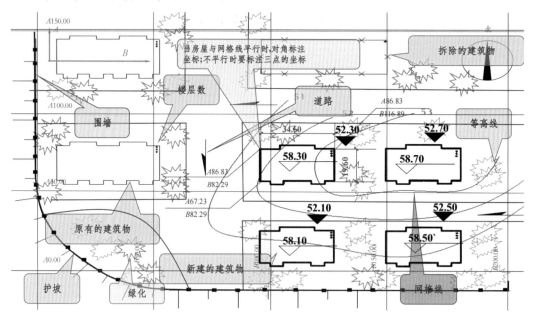

图3-11　建筑总平面图识读示例

二、建筑设计总说明

(一)建筑设计总说明的形成

在建筑物建造之前,设计者按照建设任务,把施工过程和使用过程中所存在的或可能发生的问题,事先做好通盘的设想,拟订好解决这些问题的办法、方案,用图纸和文字表达出来,即形成建筑设计总说明。

(二)建筑设计总说明的识读

对建筑设计总说明要求逐行逐句地阅读,了解说明中表达的内容,同时分清主次,重点熟悉有关工程概况、设计标高、建筑构造做法要求等。

(三)建筑设计总说明的内容

根据《建筑工程设计文件编制深度规定》的规定,建筑设计总说明应包括以下内容:

（1）工程施工图设计的依据性文件、批文和相关规范。

（2）项目概况。

内容一般应包括建筑名称、建设地点、建设单位、建筑面积、建筑基底面积、建筑工程等级、设计使用年限、建筑层数和建筑高度、防火设计建筑分类和耐火等级、人防工程防护等级、屋面防水等级、地下室防水等级、抗震设防烈度等，以及能反映建筑规模的其他主要技术经济指标，如住宅的套型和套数（包括每套的建筑面积、使用面积、阳台建筑面积等；房间的使用面积可在平面图中标注）、旅馆的客房间数和床位数、医院的门诊人次和住院部的床位数、车库的停车泊位数等。

（3）设计标高。

应说明本工程子项的相对标高及其与总图绝对标高的关系。

（4）用料说明和室内外装修。

①墙体、墙身防潮层、地下室防水、屋面、外墙面、勒脚、散水、台阶、坡道、油漆、涂料等的材料和做法，可用文字说明，也可部分用文字说明，部分直接在图上引注或加注索引号。

②室内装修部分除用文字说明以外亦可用表格形式表达，在表上填写相应的做法或代号。较复杂或较高级的民用建筑应另行委托室内装修设计。凡属二次装修的部分，可不列装修做法表、不进行室内施工图设计，但对原建筑设计、结构和设备设计有较大改动时，应征得原设计单位和设计人员的同意。

（5）对采用新技术、新材料的做法说明及对特殊建筑造型和必要的建筑构造的说明。

（6）门窗表及门窗性能（防火、隔声、防护、抗风压、保温、空气渗透、雨水渗透等）、用料、颜色、玻璃、五金件等的设计要求。

（7）幕墙工程（包括玻璃、金属、石材等类型）及特殊的屋面工程（包括金属、玻璃、膜结构等类型）的性能及制作要求，平面图、预埋件安装图等，以及防火、安全、隔音构造。

（8）电梯（自动扶梯）选择及性能（功能、载重量、速度、停站数、提升高度等）说明。

（9）墙体及楼板预留孔洞需封堵时的封堵方式说明。

（10）其他需要说明的问题。

三、建筑平面图

建筑平面图可较全面且直观地反映建筑物的平面形状大小、内部布置、内外交通联系、采光通风处理、构造做法等基本情况，是建施图的主要图纸之一，是概预算、备料及施工中放线、砌墙、设备安装等的重要依据。

（一）图示方法

假想用一水平的剖切面，通过门窗洞将房屋切开，对剖切面以下部分所作出的水平剖面图即为建筑平面图。（见图3-12）

一般楼房每层画一个平面图，并在图形的下方注明相应的图名，如"底层平面图""顶层平面图"等；中间层相同时，只画一个"标准层平面图"。

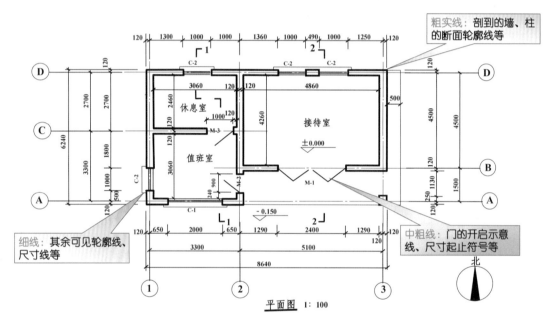

图 3-12　建筑平面图（示例）

（二）图示内容

（1）表示建筑物的平面布置，定位轴线的编号，内外墙平面位置，房间的分布及相互关系，入口、走廊、楼梯的布置等。

定位轴线采用细点画线，编号注写在轴线端部的圆内。轴线编号圆宜为 $\phi 8 \sim 10$，细实线（$0.25 b$）绘制。横向或横墙编号为阿拉伯数字，从左到右；竖向或纵墙编号用拉丁字母，自下而上。注意：I、O、Z 不得用作轴线编号，避免与 1、0、2 混淆。分数形式表示附加轴线编号，分子为附加轴线编号，分母为前一轴线编号。①轴或Ⓐ轴前的附加轴线分母为 01 或 0A。（见图 3-13）

（2）表明门窗的位置和类型。门：代号 M、M1、M2 或 M-1、M-2 等。窗：代号 C、C1、C2 或 C-1、C-2 等。门窗图例如图 3-14 所示。

（3）底层平面图表明室外散水、明沟、台阶、坡道等；二层以上平面图表明阳台、雨篷等。

（4）标注剖切符号和索引符号。

（5）在底层平面图附近画出指北针，一般取上北下南。

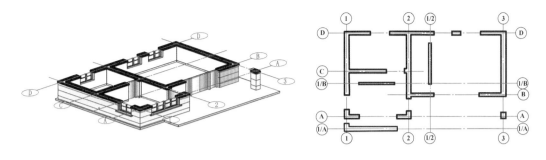

图 3-13 定位轴线

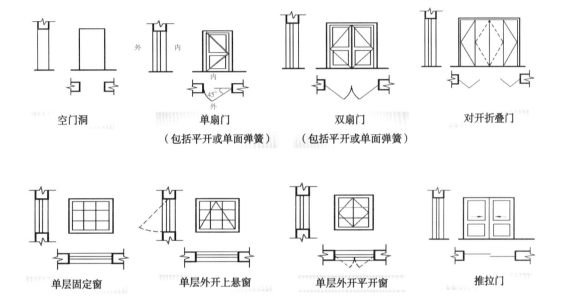

图 3-14 门窗图例

(6)标注各层地面的相对标高。

(7)尺寸标注,包括外部三道及内部尺寸(墙厚、门窗洞大小等)。

(8)图线、比例、图例等,同前述。

(三)建筑平面图的识读

(1)了解图名、比例及文字说明。

(2)了解纵横定位轴线及编号。

(3)了解房屋的平面形状和总尺寸。

(4)了解房间的布置、用途及交通联系情况。

(5)了解门窗的布置、数量及型号。

(6)了解房屋的开间、进深、细部尺寸和室外标高。

(7)了解房屋细部构造和设备配备等情况。

(8)了解房屋的朝向及剖面图的剖切位置、索引符号等。

（四）建筑平面图的绘制

建筑平面图的绘制顺序：

（1）进行绘图前期准备工作。

（2）确定绘制建筑平面图的比例和图幅。

（3）画底稿（绘制定位轴线网→建筑墙体→门窗→其他建筑细部构造→标高→文字、尺寸标注及符号添加）。

（4）检查底图，无误后加深图线。

（5）写图名、比例等其他内容。

建筑平面图的具体画图步骤：

（1）按开间、进深尺寸画定位轴线。

（2）按墙厚画墙线。

（3）确定柱断面、门窗洞口位置等，画门的开启线，窗线定位。

（4）画出房屋的细部（如窗台、阳台、室外台阶、楼梯、雨篷、室内固定设备等）。

（5）布置标注。对轴线编号、尺寸标注、门窗编号、标高符号、文字说明（如房间名称）等位置进行安排调整。先标外部尺寸，再标内部和细部尺寸。按要求轻画字格和数字、字母字高导线。

（6）底层平面图需要画出指北针、剖切位置符号及其编号。

（7）认真检查无误后，整理图面，按要求加深、加粗图线。

（8）书写数字、代号（编号）、图名、房间名称等。

后两项待平、立、剖面全部底稿图完成后一起进行。

四、建筑立面图

（一）建筑立面图的形成

假想存在平行于房屋外墙的投影面，用正投影的原理绘制出的房屋投影图，称为建筑立面图。建筑立面图反映建筑物的外貌和立面装修的做法等。（见图 3-15）

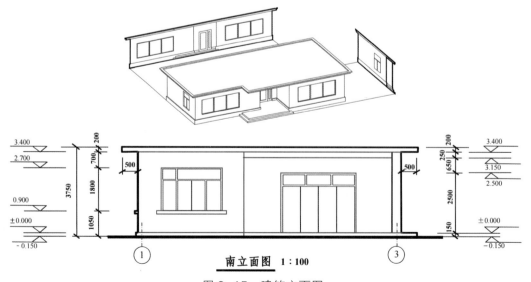

南立面图 1：100

图 3-15 建筑立面图

（二）建筑立面图的图示内容

（1）表明房屋整个外貌形状。包括外墙面上所有的门窗、雨篷、檐口、阳台及底层入口处的台阶、花池等。

（2）表明立面外轮廓及主要建筑构造部件的位置，如窗台、雨篷、阳台、花格等的样式与位置。

（3）表明房屋外立面装饰要求、做法，主要建筑装饰构件等，高度方向的外形尺寸（一般用相对标高表示）等。

（三）图名和比例

图名有三种情况：

（1）按立面的主次分：正立面图、侧立面图、背立面图等。

（2）按朝向分：东立面图、西立面图、南立面图、北立面图等。

（3）按定位轴线分：①～⑨立面图、⑨～①立面图等。

（四）建筑立面图的识读

（1）了解图名及比例。

（2）了解立面图与平面图的对应关系。

（3）了解房屋的外貌特征。

（4）了解房屋的竖向标高。

（5）了解房屋外墙面的装修做法。

（五）建筑立面图的绘制

建筑立面图的绘制顺序：

（1）画地坪线，根据平面图画首尾定位轴线及外墙线。

（2）依据层高等高度尺寸画各层楼面线（为画门窗洞口、标注尺寸等作参照基准）、檐口、女儿墙轮廓、屋面等横线。

（3）画房屋的细部。如门窗洞口、室外阳台、楼梯间超出屋面的小屋（塔楼等）、柱子、雨水管、外墙面分格等细部的可见轮廓线。

（4）布置标注。布置标高（楼地面、阳台、檐口、女儿墙、台阶、平台等处标高）、尺寸标注、索引符号及文字说明的位置等。只标注外部尺寸，也只需对外墙轴线进行编号。按要求轻画字格和数字、字母字高导线。

（5）检查无误后整理图面，按要求加深、加粗图线。

（6）书写数字、图名等。

五、建筑剖面图

（一）建筑剖面图的形成

假想用一个或多个铅垂剖切平面将房屋剖开，移去靠近观察者的部分，对留下部分所作的投影图称为建筑剖面图，其编号及名称与底层平面图上标注一致。（见图3-16）

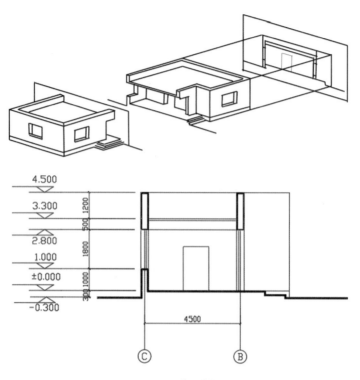

图 3-16   建筑剖面图

(二)建筑剖面图的作用

建筑剖面图常用来表达房屋内部垂直方向的高度,楼层分层情况,简要的结构形式和构造方式,以及材料及其标高等。

(三)剖切位置

绘制建筑剖面图时应沿内部结构和构造较复杂的地方、典型部位等确定剖切位置,如通过门窗洞和楼梯间。

(四)图示内容

(1)比例。通常为 1∶50、1∶100、1∶200 等,多用 1∶100。

(2)定位轴线。在剖面图中凡是被剖到的承重墙、柱等,均要画出定位轴线,并注写上与平面图相同的编号。

(3)图线。

①被剖切到的墙、楼面、屋面、梁的断面轮廓线用粗实线画出。

②砖墙一般不画图例,钢筋混凝土的梁、楼面、屋面和柱的断面通常涂黑表示。

③其他没剖到但可见的配件轮廓线,如门窗洞、踢脚线、楼梯栏杆、扶手等,按投影关系用中实线画出。

④尺寸线与尺寸界线、图例线、引出线、标高符号、雨水管等用细实线画出;定位轴线用细单点长画线画出。

⑤室内地坪只画一条加粗实线。

（4）尺寸与标高。

①竖直方向上的尺寸标注。外部的三道尺寸：最外一道为总高尺寸，从室外地坪起标到女儿墙顶止，标注建筑物的总高度；中间一道尺寸为层高尺寸，标注各层层高（两层之间楼地面的垂直距离称为层高）；最里边一道尺寸称为细部尺寸，标注墙段及洞口尺寸等。

②水平方向的尺寸标注：常标注剖到的墙、柱及剖面图两端的轴线编号及轴线间距，并在图的下方注写图名和比例。

③其他标注：由于剖面图比例较小，某些部位如墙脚、窗台、过梁、墙顶等，不能详细表达，可在剖面图上的该部位处画上详图索引标志，另用详图来表示其细部构造尺寸。此外，楼地面及墙体的内外装修，可用文字分层标注。

④标高：需要用标高符号标出室内外地坪、各层楼面、楼梯休息平台、屋面和女儿墙压顶面等处的标高。注写尺寸与标高时，注意与建筑平面图和建筑剖面图相一致。

（五）建筑剖面图的识读

（1）了解图名和比例。

（2）了解剖面图与平面图的对应关系。

（3）了解房屋的结构形式。

（4）了解主要标高和尺寸。

（5）了解屋面、楼面和地面构造层次及做法。

（6）了解屋面的排水形式。

（7）了解索引详图所在的位置及编号。

（六）建筑剖面图的绘制

建筑剖面图的绘制顺序：

（1）画室内外地坪线、被剖切到的和首尾定位轴线、各层楼面、屋面等。

（2）根据房屋的高度尺寸，画所有被剖切到的墙体断面及未被剖切到的墙体等轮廓。

（3）画被剖切到的门窗洞口、阳台、楼梯平台、屋面女儿墙、檐口、各种梁（如门窗洞口上面的过梁、可见的或剖切到的承重梁）等的轮廓或断面及其他可见细部轮廓。

（4）画楼梯、室内固定设备、室外台阶、花池及其他可见的细部。

（5）布置标注：尺寸标注，如被剖切到的墙、柱的轴线间距，外部高度方向的总高、定位、细部三道尺寸，其他如墙段、门窗洞口等高度尺寸；标高标注，如室外地坪、楼地面、阳台、檐口、女儿墙、台阶、平台等处的标高；索引符号及文字说明等。按要求轻画字格和数字、字母字高导线。

（6）检查无误后整理图面，按要求加深、加粗图线。

（7）书写数字、图名等。

六、建筑详图

为了满足施工需要，把建筑物的细部用比较大的比例绘制出来，这样的图样就称为详图。在施工过程中，建筑详图是楼梯、墙身、阳台、雨篷等施工的重要依据。

楼梯是建筑物垂直方向的交通通道，一般由楼梯段、楼梯平台（楼层平台和中间平台）和栏杆组成。

楼梯详图一般包括楼梯平面图、楼梯剖面图、节点详图等。

建筑详图的图示内容有：

（1）图名、比例；

（2）构配件各部分的构造连接方法及相对位置关系；

（3）各细部的详细尺寸；

（4）（详细表达）构配件或节点所用的各种材料及其规格；

（5）有关施工要求及制作方法说明等。

七、建筑施工图的画法步骤

建筑设计其实简单来说就三步：方案设计，技术设计和施工图绘制。施工图绘制是建筑设计中劳动量最大也是完成成果的最后一步，主要功能就是绘制出满足施工要求的施工图纸，确定全部工程尺寸、用料、造型等。

（1）确定绘制图样的数量。根据房屋的外形、层数、平面布置和构造内容的复杂程度，以及施工的具体要求，确定图样的数量，做到表达内容既不重复也不遗漏。图样的数量在满足施工要求的条件下以少为好。

（2）选择适当的比例。

（3）进行合理的图面布置。图面布置要主次分明，排列均匀紧凑，表达清楚，尽可能保持各图之间的投影关系一致。同类型的、内容关系密切的图样，集中在一张或图号连续的几张图纸上，以便对照查阅。

绘制建筑施工图一般是按平面图→立面图→剖面图→详图顺序来进行的。先用铅笔画底稿，经检查无误后，按国标规定的线型加深图线。铅笔加深或描图上墨时，一般顺序是：先画上部，后画下部；先画左边，后画右边；先画水平线，后画垂直线或倾斜线；先画曲线，后画直线。

建筑施工图中各类图纸绘制完成后，常整理形成图册：全局性图纸在前，表明局部构造等的图纸在后；先施工的在前，后施工的在后；重要图纸在前，次要图纸在后。

3.3 结构施工图的识读

一、结构施工图概述

房屋的建筑施工图表达房屋的外形、建筑的平面布置和细部结构等情况，而房屋的承重构件如基础、墙、柱、梁、板等的结构布置、内部构造以及它们之间的连接情况需要通过结构施工图来表达。（见图 3-17）

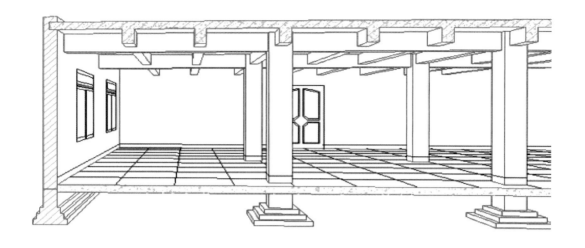

图 3-17 室内结构构造

结构施工图常用来表达承重构件的构件类型、布置情况以及构造做法等,包括基础平面图、基础详图、楼层及屋盖结构平面图、楼梯结构图和各构件(梁、柱、板)的结构详图等。

结构施工图主要用来作为施工放线、开挖基槽、支模板、绑扎钢筋、设置预埋件、浇捣混凝土和安装梁、板、柱等构件及编制预算与施工组织计划等的依据。

结构施工图与建筑施工图表达的内容虽然不同,但对同一套图纸来说,它们反映的是同一幢建筑物,因此,它们的定位轴线和平面、立面、剖面尺寸等必须完全相符合。

组成房屋的结构,按所用材料的不同可分为钢筋混凝土结构、钢结构、木结构、混合结构等,对于不同结构房屋,可绘制不同类型结构施工图。

二、结构施工图的特点

(一)结构设计说明

(1)结构材料的类型、规格、强度等级;

(2)地基情况(如地基土的耐久性);

(3)施工注意事项;

(4)选用标准图集等。

(二)结构平面布置图

(1)楼层结构平面布置图(工业建筑包括柱网、吊车梁、柱间支承、连续梁布置等);

(2)屋面结构平面布置图(工业建筑还包括屋面板、天沟板、屋架、天窗架及屋面支撑系统布置等);

(3)其他技术平面图(工业建筑还有设备基础布置图)等。

(三)构件详图

(1)梁、板、柱及基础结构详图;

（2）楼梯结构详图；

（3）屋架结构详图；

（4）其他详图（天窗、雨篷、过梁及工业建筑中的支撑详图等）。

（四）结构施工图的图示内容

（1）基础平面图：沿房屋防潮层的水平剖面图。

（2）楼层结构平面布置图：沿楼板面的水平剖面图。

（3）屋面结构平面布置图：沿屋面承重层的水平剖面图。

（4）构件详图：①单个构件的正投影图；②双比例法绘制（纵、横向比例不等）。

（5）轮廓线，用中实线或细实线，不画材料；钢筋，用粗实线或圆点。

（6）常用图例。

三、钢筋混凝土结构图

混凝土是一种抗压能力较高的人造石材，但是它的抗拉能力较差，一般只有抗压能力的 1/15 ~ 1/8，因此，为扩大混凝土的应用范围，常在混凝土的受拉区配置一定数量的钢筋，用钢筋来代替混凝土承受拉力。这种用钢筋和混凝土两种材料组成的共同受力构件，就是钢筋混凝土结构构件。用来表示这类结构构件的外形和内部钢筋配置情况的图样，称为钢筋混凝土结构图，简称为配筋图。（见图 3-18）

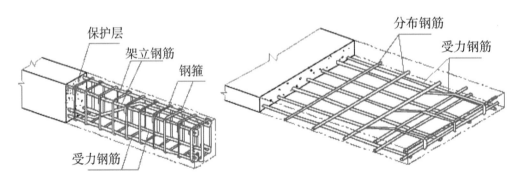

图 3-18　配筋构造

（一）钢筋的基本知识

1. 规格、种类

工程上使用的钢筋多由普通碳素钢及某些低合金钢热轧而成，行业内常分为五级，即 I 级至 V 级。

建筑物中钢筋多为 I ~ III 级钢筋，直径在 6 ~ 40 mm 之间，IV、V 级钢筋只在预应力混凝土中使用。

2. 钢筋的作用和分类

配置在混凝土中的钢筋，按其在结构中所起的作用可分为下列五种：

(1)受力钢筋:承受主要拉力。

(2)钢箍(箍筋):固定受力筋位置,并承受一部分斜拉应力,用于梁、柱中。

(3)架立钢筋:固定箍筋位置,用于梁中。

(4)分布钢筋:与受力钢筋垂直布置,用来将构件所受的外力分布在较广的范围内,并固定受力筋的位置,用于板中。

(5)其他钢筋:因构造要求或施工安装需要而配置的构造筋等,如吊钩、腰筋、预埋锚固筋。

3. 钢筋的弯钩和弯起

(1)钢筋的弯钩。

为了保证钢筋与混凝土之间有足够的黏结力,相关规范规定,受力的光面钢筋末端必须做成弯钩,有人工弯钩(圆弯钩长 $6.25d$,直弯钩长 $4.25d$,d 为钢筋直径)和机器弯钩(长 $3.25d$)之分。

(2)钢筋的弯起。

根据构件受力需要,常在构件中设置弯起钢筋,即将靠近构件下部的钢筋弯起。弯起钢筋的弯起角度一般为 $45°$,弯起处应做成圆弧段。

4. 钢筋的保护层

为了防止钢筋锈蚀,钢筋必须全部包在混凝土中,因此,钢筋表面到混凝土表面应留有一定厚度的混凝土。这一层混凝土称为钢筋的保护层,其厚度视各种结构而异,一般在 $20\sim50\,mm$ 之间,具体数值可查阅有关设计规范。

(二)钢筋混凝土结构图的基本知识

钢筋混凝土结构图主要内容:钢筋布置图、成型图、明细表、说明或附注。

1. 钢筋布置图

钢筋布置图除表达构件形状、大小外,主要表明内部钢筋分布情况。一般规定:

(1)不画混凝土材料符号,外形用细实线,钢筋用粗实线,钢筋剖面用圆点。

(2)钢筋都应编号:等级、直径、形状、尺寸完全相同的钢筋,只编一个号(不论数量多少);如上述项中有一项不相同,应分别编号。编号时先主筋后分布筋,逐一顺序编号,并将号码写在 $\phi6$ 左右的圆圈内,用引线引到相应的钢筋上。

(3)钢筋直径、根数、间距的标注:例如"⑤ 20φ6""φ5@200"等。

2. 钢筋成型图

钢筋成型图表明构件中每种钢筋加工成型后的形状和尺寸标注:

(1)不画尺寸线、尺寸界线,逐段注出。

(2)弯起钢筋的倾斜段用相应直角三角形两直角边注出长度表示。

(3)若弯钩有标准尺寸,图上不注,在明细表中另做计算。

钢筋成型图中,钢筋尺寸指内皮尺寸,弯起钢筋的弯起高度指外皮尺寸。

3. 钢筋明细表

钢筋明细表(见图 3-19)中详细列出了构件所用钢筋的编号、简图(形式)、等级、直径、长度、单件根数、总长度等,它主要用作钢筋断料加工成型以及材料预算的依据。

构件名称	构件数	钢筋编号	钢筋规格	简　图	长　度 (mm)	每件 根数	总长度 (m)	重量累计 (kg)
L₂₀₈	3	①	φ14		3923	2	23.538	28.5
		②	φ14		4595	1	13.785	16.7
		③	φ14		3885	2	23.310	28.2
		④	φ14	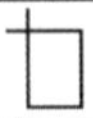	800	20	48.000	58.1

图 3-19　钢筋明细表

4. 钢筋混凝土结构图的识读

(1)概括了解,根据各图、明细表、说明、标题栏等了解构件的外形结构及钢筋配置情况、比例等。

(2)弄清各种钢筋的形状、直径、数量和位置。

(3)检查核对。

四、结构平面布置图

结构平面布置图是表示建筑物各构件(梁、板、柱)平面布置的图样,包括楼层结构平面布置图、屋面结构平面布置图等。

(一)楼层结构平面布置图

1. 形成

用水平剖切面沿楼板面将房屋剖开后对楼层进行水平投影,即得楼层结构平面布置图。

2. 表示法

(1)对于多层建筑,每层相同时,只画标准层的结构平面布置图。

(2)平面对称时,采用对称画法。

(3)铺设预制楼板时,用细实线分块画出板的铺设方向。如数量多,采用简化画法。

(4)采用现浇板且配筋简单时,直接画出;配筋复杂时,用对角线表示范围、编号,另画详图。

　　①用粗点画线表示梁的位置,并注明代号。

　　②圈梁、门窗、过梁等应编号注出。

　　③比例同建筑平面图一致,一般采用1∶100或1∶200。

　　④用中实线表示剖切到或可见的构件轮廓线,剖到的柱子涂黑并标注代号 Z,门、窗洞一般不画。

　　⑤尺寸只注开间、进深、总尺寸及个别易弄错的尺寸,定位轴线同平面图一致。

3. 主要内容

(1)图名、比例。

(2)与平面图一致的定位轴线及编号。

(3)墙、柱、梁、板等构件的位置及代号或编号。

(4)预制板的跨度方向、数量、型号或编号和预留洞的大小及位置。

(5)轴线尺寸及构件的定位尺寸。

(6)详图索引符号及剖切符号。

(7)文字说明。

(二)屋面结构平面布置图

屋面结构平面布置图是表示屋面承重构件的平面布置的图样,其图示内容与楼层结构平面布置图基本相同。对于混合结构的房屋,根据抗震和整体刚度的需要,应在适当位置设置圈梁。圈梁一般设置在楼板及屋面的底部,也有设置在门窗洞顶、用圈梁来代替过梁的。圈梁在平面图中没有表达清楚时,可单独画出圈梁平面布置图,图中圈梁用粗实线表示,并在适当位置画出断面的剖切符号,以便与剖面图中圈梁对照阅读。

五、基础施工图

基础是建筑物地面以下承受房屋全部荷载的构件,常见的形式有条形基础(即墙基础)和独立基础(即柱基础),如图 3-20 所示。

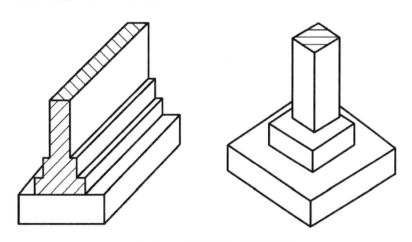

图 3-20 条形基础和独立基础

条形基础埋入地下的墙称为基础墙。当采用砖墙和砖基础时,常在基础墙和垫层之间做阶梯形的砌体,称为大放脚,基础底下天然的或经过加固的土壤叫作地基。基坑(基槽)是为基础施工而在地面上开挖的土坑,坑底就是基础的底面,基坑边线就是放线的灰线。基础的埋置深度指从 ±0.000 到基础底面的垂直距离。防潮层是为了防止地下水侵蚀墙体而铺设的一层防潮材料。

基础施工图主要是表示建筑物在相对标高 ±0.000 以下基础结构的图样,包括基础平面图和基础详图,是施工时在基地上放灰线、开挖基槽、砌筑基础的依据。

1.基础平面图

(1)形成:沿房屋底层室内地面剖切形成的水平剖面图即为基础平面图。

(2)表示方法:

①只画出基础墙、柱及底面的轮廓线。

②被剖到的墙、柱画粗实线,底面轮廓画细实线。

③比例及材料图例与建筑平面图相同。

④注出与建筑平面图相一致的定位轴线及编号。

⑤留有管洞时,用虚线表示其位置,具体做法另画详图。

⑥设基础梁时,用粗点画线表示其中心线位置。

(3)尺寸标注:

外部尺寸:定位轴线间距及总尺寸。

内部尺寸:各道墙的厚度、柱的断面尺寸、基础底面宽等。

(4)剖切符号:

基础宽度、墙厚、大放脚、基底标高、管沟做法等不同时,均以不同的断面图表示,且应注出各断面图的剖切符号及编号。

2.基础详图

(1)形成:用铅垂面剖切形成的断面图及其他必要补充图样即为基础详图。

(2)表示方法:

①表明细部构造,按正投影绘制。

②除钢筋混凝土材料外,其他材料画图例符号。轮廓线用中实线,钢筋用粗实线。

基础详图示例见图 3-21 和图 3-22。

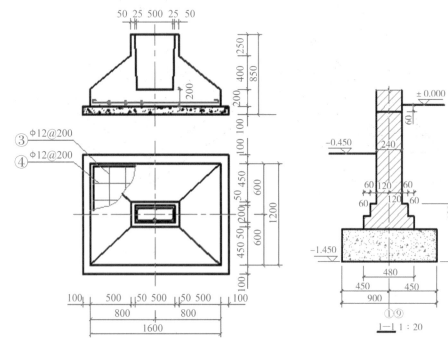

图 3-21　独立基础尺寸标注　　　　图 3-22　基础断面图

3.4 装饰施工图的识读

一、装饰施工图概述

装饰施工图是按照装饰设计方案确定的空间尺度、构造做法、材料选用、施工工艺等,并遵照建筑及装饰设计规范中的规定和要求编制的用于指导装饰施工生产的技术文件。装饰施工图同时也是进行造价管理、工程监理等工作的主要技术文件。

装饰施工图按施工范围分为室内装饰施工图和室外装饰施工图。

二、装饰施工图的特点

装饰施工图是用正投影方法绘制的用于指导施工的图样,其制图应遵守《房屋建筑制图统一标准》的要求。装饰施工图反映的内容多、形体尺度变化大,通常选用一定的比例、采用相应的图例符号、标注尺寸和标高等加以表达,必要时绘制透视图、轴测图等辅助表达,以利识读。

建筑装饰设计通常是在建筑设计的基础上进行的,由于设计深度的不同、构造做法的细化以及为实现使用功能和视觉效果而选用的材料的多样性等,在制图和识图上,装饰施工图有其自身的规律,如图样的组成、施工工艺及细部做法的表达等都与建筑施工图有所不同。

装饰设计同样经方案设计和施工图设计两个阶段。方案设计阶段是根据业主要求、现场情况,以及有关规范、设计标准等,以透视效果图、平面布置图、室内立面图、楼地面平面图、尺寸及文字说明等形式,将设计方案表达出来,经修改补充,取得合理方案后,报业主或有关主管部门审批,再进入施工图设计阶段。施工图设计是装饰设计的主要阶段。

三、装饰施工图的组成

(一)装饰施工图的分类

装饰施工图可以划分为公装施工图和家装施工图两大类。

(1)公装,即公共建筑装饰装修,必须由具有建筑装饰装修专业承包资质或者建筑装饰装修设计与施工一体化资质的企业施工,主管部门是各级建设主管部门。指导公装施工的图样即为公装施工图。

(2)家装,是家庭住宅装修装饰的简称。狭义的家装指室内装饰,是从美化的角度来考虑的,是指使室内的空间更美观;广义的家装包括室内空间的改造、装修。指导家装施工的图样即为家装施工图。

(二)装饰施工图的内容

装饰施工图一般由装饰设计说明、平面布置图、楼地面平面图、顶棚平面图、室内立面图、墙(柱)面装饰剖面图、装饰详图等图样组成。其中,装饰设计说明、平面布置图、楼地面平面图、顶棚平面图、室内立面图为基本图样,表明装饰工程内容的基本要求和主要做法;墙(柱)面装饰剖面图、装饰详图为装饰施工的详细图样,用于表明细部尺寸、凹凸变化、工艺做法等。图纸的编排也常以基本图样→详细图样为顺序排列。

一套完整的装饰施工图常包括以下内容。

1. 原始平面图

原始平面图即房子装修前的原始结构尺寸图,每个房间的长宽、标高一般都会标注清楚。(见图3-23)

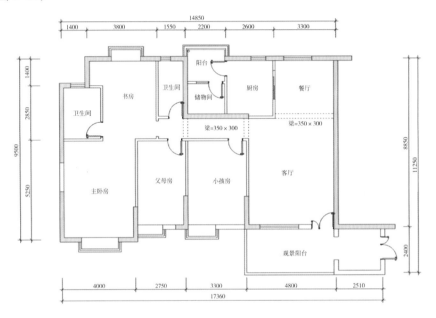

图3-23　原始平面图

2. 墙体拆况图

墙体拆况图也就是房屋墙体拆除的位置和尺寸的示意图,注意要有每面拆除墙体的长宽尺寸标示,尤其要标明承重墙的位置和尺寸(不可拆除和损坏)。

3. 新建墙体图

新建墙体图是新砌墙体的示意图,应注意标明墙体的材质。

4. 平面布置图

平面布置图反映装修完成后的预期布置效果。(见图3-24)

5. 地面材料布置图

地面材料布置图中应标注具体的地面区域所用的材质种类,如地砖、地板等,以及拼接手法(如地砖有正铺、斜铺之分)。

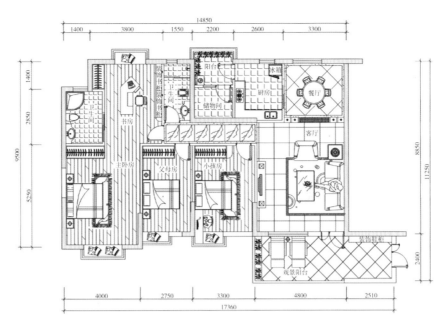

图 3-24 平面布置图

6. 天花布置图

天花布置图也就是室内顶面布置图,主要标示吊顶造型、灯具、各种石膏板、顶角石膏线等的设置以及说明吊顶材料、高度等。(见图 3-25)

图 3-25 天花布置图

7. 天花尺寸图

天花尺寸图是对天花布置图的细节的补充,这张图上要标示每个具体吊顶制作的长宽尺寸、灯具安装的具体位置等。(见图 3-26)

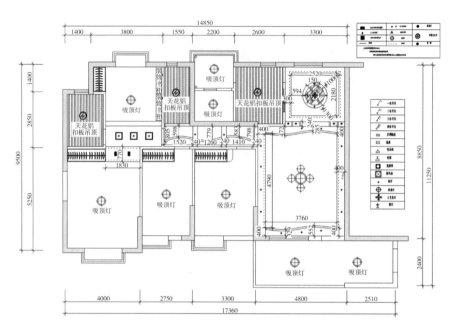

图 3-26　天花尺寸图

8. 强弱电布置图

强弱电布置图包括各个强电箱、强电插座、弱电箱、弱电插座的位置标示。强电指的是一般用电线路,弱电指的是网络、有线电视、Wi-Fi、火灾报警器、监控等通信类线路。(见图 3-27)

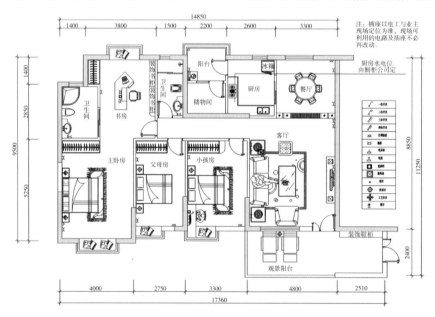

图 3-27　强弱电布置图

9. 开关连线图

开关连线图中常标示出每个区域的灯具开关和电源插头的具体布置情况,注意有些区域要用到双联双控开关。(见图 3-28)

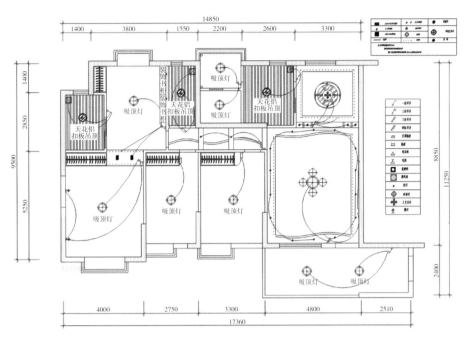

图 3-28 开关连线图

10. 给排水布置图

装饰施工图中的给排水布置图是对冷热水管的大概走向进行标注示意。给水是指进入室内的自来水和采暖热水。排水是指室内排出去的污水(厕所污水、厨房污水、阳台洗衣水等)。

11. 立面索引图

立面索引图是指在平面图上标注出后面立面图视角位置的图样。根据索引位置及编号,常需绘制对应的立面图(见图 3-29)。

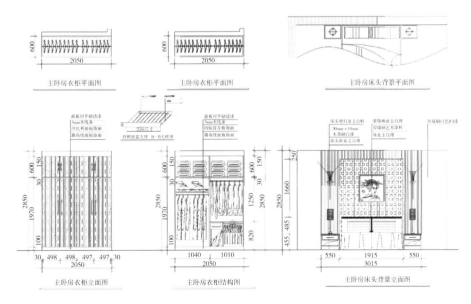

图 3-29 立面图

12. 立面图纸

装饰施工图中的立面图包括所有墙面装饰立面图、柜子分割图等。立面索引图中每个索引出来的标号,都会对应一张立面图。为了表明某个房间装修立面也需要对其4个立面进行图示。比如,厨房常有左、右、前、后4个立面图,每个房间都应该有立面示意。有些现场打的柜体还需要有内部示意。

13. 电气系统图

电气系统图即电气系统控制图,是用来表明供电线路与各设备工作原理及其相互间关系的一种图样,也是建筑安装工程中电气施工图的组成部分。

14. 照明平面布置图

照明平面布置图反映室内电气设备、照明装置与线路的平面布置图纸,是进行电气安装的主要依据,对房屋施工有重要的指导作用。

15. 总说明图

总说明图中常为工程装修设计的文字补充说明,包括详细做法、标准图集出处、施工注意事项等,还有标准批量表格(如门窗对照一览表)。

16. 效果图

效果图是反映预期效果的图片,是通过计算机三维仿真软件技术来模拟真实环境而得到的高仿真虚拟图片。

四、装饰施工图的有关规定

(一)图样的比例

由于人的活动需要,装饰空间常有较大的尺度,为了在图纸上绘制施工图样,通常采用缩小的比例。绘图时应优先采用常用比例。所谓可用比例是指在绘图时采用常用比例不易表达时可选用的比例。

(二)图例符号

装饰施工图的图例符号应遵守《房屋建筑制图统一标准》的有关规定。

(三)字体、图线等其他制图要求

与建筑施工图相同。

(四)图纸目录及设计说明

一般在第一页图的适当位置编排本套图纸的目录,以便查阅。图纸目录包括图别、图号、图纸标题(内容)、采用标准图集代号、备注等。在装饰施工图中,一般应将工程概况、设计风格、材料选用、施工工艺、做法及注意事项,以及施工图中不易表达或设计者认为重要的其他内容,写成文字,编成设计说明。

3.5 给水排水施工图的识读

一、概述

城镇居民的生产、生活和消防用水,从水源取水,经过水质净化、管道配水、输送等过程到达用户,属于给水工程;而经过生活和生产使用后的污水、废水以及雨水,通过管道汇流,再经污水处理后排放出去,则属排水工程。给水与排水工程也常简称为给排水工程。由此可见,给水与排水系统由室内外管道及其附属设备、水处理的构筑物、储存设备等组成。

建筑工程图中给水排水施工图与房屋的建筑施工图、结构施工图等都有着密切关系。如图3-30所示,排水平面图与建筑施工图中的平面布置密切相关。

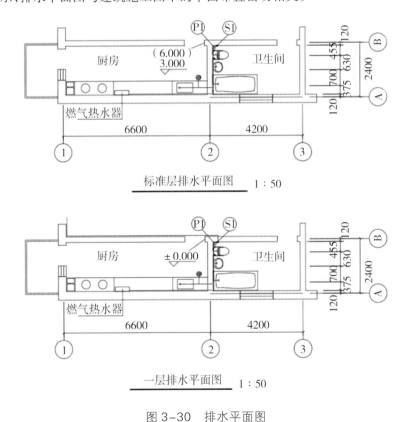

图3-30　排水平面图

(一)给水排水施工图的具体内容

1.室外管道及附属设备图

室外排水系统分为污水排除系统和雨水排除系统两部分,由排水管道、检查井、跌水井、雨水口等组成。室外给水系统一般由取水构筑物、泵站、清水池、输水管、水塔、配水管网等组成。

2. 室内管道及卫生设备图

室内排水系统可分为生活污水系统、工业废水排水系统、雨水排水系统三类,由受水器、存水弯、排水支管、排水立管、排水横干管、排出管、通气管等组成。室内给水系统一般由引入管、干管、立管、支管、阀门、水表、配水龙头或用水设备等组成。

3. 水处理工艺设备图

看图的时候先了解常用的图例符号,然后对应在图里找出阀门、水管、水箱等设备,同时识读管道系统的走向、管径变化情况等。给水管道系统图一般按引入管、干管、立管、支管及用水设备的顺序进行识读。排水管道系统图一般是按卫生器具或排水设备的存水弯、器具排水管、排水横管、立管、排出管的顺序进行识读。

(二)给水排水施工图的一般规定

绘制给水排水施工图要符合投影原理和剖面图及断面图等的基本画法,并遵守《建筑给水排水制图标准》和《房屋建筑制图统一标准》以及国家现行的其他有关标准、规范的规定。

1. 图线

图线的基本宽度为 b,应根据图纸的类别、比例和复杂程度从 2.0 mm、1.4 mm、1.0 mm、0.7 mm、0.5 mm、0.35 mm 中选用,宜为 0.7 mm 或 1.0 mm。

常用线宽系列:粗,b;中粗,$0.75b$;中,$0.50b$;细,$0.25b$。

点画线(单点长画线)、折断线、波浪线线宽为 $0.25b$。

2. 比例

给水排水施工图的比例如表 3-1 所示。

表 3-1   给水排水施工图的比例

名称	比例	备注
区域规划图、区域布置图	1:50 000、1:25 000、1:10 000、1:5000、1:2000	宜与总图专业一致
总平面图	1:1000、1:500、1:300	宜与总图专业一致
管道纵断面图	竖向为 1:200、1:100、1:50,纵向为 1:1000、1:500、1:300	可对纵向与竖向采用不同的组合比例
水处理厂平面图	1:500、1:200、1:100	
水处理构筑物、设备间、卫生间、泵房平面图及剖面图	1:100、1:50、1:40、1:30	
建筑给排水平面图	1:200、1:150、1:100	宜与建筑专业一致
建筑给排水轴测图	1:150、1:100、1:50	宜与相应图纸一致
详图	1:50、1:30、1:20、1:10、1:5、1:2、1:1、2:1	

3. 标高

给水排水施工图中标高符号及一般标注方法与建筑制图一致。在下列部位应标注标高：

(1)沟渠和重力流管道的起讫点、转角点、连接点、变坡点、变尺寸(管径)点及交叉点；

(2)压力流管道中的标高控制点；

(3)管道穿外墙、剪力墙和构筑物的壁及底板等处；

(4)不同水位线处；

(5)构筑物和土建部分的相关部位。

4. 管径

管径应以 mm 为单位。管径的表达应符合下列规定：

(1)水煤气输送钢管(镀锌或非镀锌)、铸铁管等管材,管径宜以公称直径(DN)表示。

(2)无缝钢管、焊接钢管(直缝或螺旋缝)、铜管、不锈钢管等管材,管径宜以外径 $D \times$ 壁厚表示(如 $D108 \times 4$)。

(3)钢筋混凝土管、陶土管、耐酸陶瓷管、缸瓦管等管材,管径宜以内径 d 表示(如 $d320$)。

(4)塑料管材,管径宜按产品标准的方法表示。

(5)当设计均用公称直径表示管径时,应有公称直径与相应产品规格对照表。

5. 编号

当建筑物的给水引入管或排水排出管的数量超过 1 根时,宜进行编号；建筑物内穿越楼层的立管,其数量超过 1 根时,宜进行编号。在总平面图中,当给排水附属构筑物的数量超过 1 个时,宜进行编号。编号方法为：

(1)以构筑物代号加编号表示。

(2)给水构筑物的编号顺序宜为：从水源到干管,再从干管到支管,最后到用户。

(3)排水构筑物的编号顺序宜为：从上游到下游,先干管后支管。

(4)当给排水机电设备的数量超过 1 台时,宜进行编号,并应有设备编号与设备名称对照表。

(三)给水排水施工图的图示特点

管道是给水排水施工图的主要表达对象,给排水管道的截面形状变化小,一般细而长,分布范围广,纵横交错,管道附件众多,因此给水排水施工图有它特殊的图示特点。

给水排水施工图中的管道及附件、管道连接、阀门、卫生器具及水池、设备及仪表等,都采用统一的图例表示。给水与排水工程中管道很多,常分成给水系统和排水系统,它们都按一定方向通过干管、支管,最后与具体设备相连接。常用 J 作为给水系统和给水管的代号,用 F 作为废水系统和废水管的代号,用 W 作为污水系统和污水管的代号。

(1)室内给水系统的流程为：进户管(引入管)→水表→干管→支管→用水设备。

(2)室内排水系统的流程为：排水设备→支管→干管→户外排出管。

(3)由于在平面图上较难表明给水排水管道的空间走向,因此在给水排水施工图中,一般都用轴测图直观地画出管道系统,这种轴测图称为系统轴测图,简称为系统图。读图时,应将系统轴测图和平面图对照识读。

(4)由于给水排水施工图中管道设备的安装需与土建工程密切配合,因此给水排水施工图也应与土建施工图(包括建筑施工图和结构施工图)相互密切配合,尤其是给水排水工程在留洞、预埋件、管沟等方面对土建有要求时,须在图纸上表明相关要求。

二、室内给水排水施工图

一幢房屋的室内给水排水施工图是用来表示卫生设备、管道及其附件的类型、大小,以及各部分在房屋中的位置、安装方法等的图样。

室内给水排水施工图通常由给水排水平面图、系统轴测图、施工说明等组成。

(一)给水排水平面图

在建筑物内,凡需要用水的房间均需配以卫生设备及水池、管道和附件等。

1. 图示内容

(1)房屋平面图:

由于给水排水平面图主要反映管道系统各组成部分的平面位置,因此,房屋的轮廓线应与建筑施工图一致。一般只要抄绘房屋的墙身、柱、门窗洞、楼梯等主要构配件,至于房屋的细部、门窗代号等均可略去。底层平面图应在右上方绘出指北针。

(2)卫生设备和附件的类型及位置:

卫生设备和附件中有一部分是工业产品,如洗脸盆、大便器、小便器、地漏等,只需表示出它们的类型和位置;另一部分是在施工现场砌筑的,这部分图形由建筑设计人员绘制,在给水排水平面图中仅需抄绘其主要轮廓。

(3)给水排水管道的平面图:

给水排水管道包括立管、干管、支管等,要注出管径。底层给水排水平面图中还有给水引入管和污水排出管等,为了便于读图,在底层给水排水平面图中的各种管道要按系统编号,系统的划分视具体情况而异。一般给水管以每一引入管为一个系统,污水、废水管以每一个承接排水管的检查井为一个系统。

(4)图例说明:

给水排水平面图中的图例应采用标准图例,对自行增加的标准中未列出的图例,应附上图例说明,但为了使施工人员便于阅读图纸,无论是否采用标准图例,最好都能附上管道及卫生设备等的说明。通常将图例和施工说明都附在底层给水排水平面图中。

2. 给水排水平面图的表达方法

1)选用比例

给水排水平面图一般采用与建筑平面图相同的比例。

2)抄绘建筑平面图的内容

在给水排水平面图中所抄绘的建筑平面图内容,因不是给水排水平面图的主要内容,所以墙、柱、门窗等都用细实线表示。窗在给水排水平面图、剖面图中,常常只在墙身内画一条线。抄绘平面图的数量,宜视卫生设备和给排水管道的布置而定。对于多层房屋,由于室内管道需在底层与室外管道相连,必须单独画出一个完整的底层平面图;其他楼层给水排水平面图只抄绘与卫生设备和管道布置有关的部分即可。如几个楼层的卫生设备和管道布置完全相同,只需画出相同楼层的一个平面图,但在图中必须注明各楼层的层次和标高。设有屋顶水箱的楼层,可单独画出屋顶给水排水平面图;但当管道布置不太复杂时,也可在最高楼层给水排水平面图中用虚线画出水箱的位置。

为使土建施工与管道设备的安装一致,在各层给水排水平面图上,均须标明定位轴线,并在底层平面图的定位轴线间标注尺寸;同时,还应标注出各层平面图上的有关部位标高。

3)卫生设备及水池的画法

各类卫生设备及水池均可按图例绘制,用中实线画出其平面图形的外轮廓。对常用的定型产品,不必详细画出它的具体形状,施工时可外购,并按给水排水国家标准图集安装。对于非标准设计的设施和器具,则在建筑施工图中应另有详图,也不必在给水排水平面图中详细画出其形状。如在施工或安装时有所需要,可注出它们的定位尺寸。

4)给水排水管道的画法

(1)各种室内给水排水管道,不论直径大小,采用规定的以汉语拼音音序为代号表示管道类别的各有关线型画出。给水管用粗实线,废水管用粗虚线,污水管用粗点画线。

(2)给水排水管的管径尺寸应以毫米为单位,以公称直径(DN)表示,一般标注在该管段的旁边,如位置不够,也可用引出线引出标注。

(3)凡是连接某楼层卫生设备的管道,不管安装在楼板上,还是楼板下,都可画在该楼层平面图中;不论管道投影是否可见,都按原线型表示。

(4)室内给水排水管道系统的进出口数在2个或2个以上时,宜用阿拉伯数字编号。编号放在用细实线画的直径为12 mm的圆圈内,可直接画在管道进出口的端部,也可用指引线与引出管或排出管相连。在水平的直径细实线以下注写的,是管道进出口的编号;在水平的直径细实线以上注写的,是管道类别代号,以汉语拼音音序表示,如给水管道用J表示等。管道进出口编号宜用阿拉伯数字顺序编号。

(5)给水排水立管是指穿过一层或多层的竖向供水管道和排水管道。立管在平面图中以空心小圆圈(按习惯也可用实心小黑点)表示,并用指引线注明管道类别代号。当一种系统的立管数量多于一根时,宜用阿拉伯数字编号。

(6)给水排水平面图按投影关系表示管道的平面走向,对管道的空间位置表达得不够明显,所以还必须绘制管道的系统轴测图。管道的长度是在施工安装时根据设备间的距离直接测量截割的,所以在图中不必标注管长。

3. 绘图顺序

(1)先画底层给水排水平面图,再画各楼层和屋顶的给水排水平面图。

(2)在画每一层平面图时,首先抄绘建筑平面图,然后画卫生设备及水池的平面图,接着画管道的平面图,最后标注尺寸、符号、标高和注写文字说明。

(3)在画管道平面图时,先画立管,然后按水流方向画出分支管和附件。对底层平面图则还应画引入管和排出管。

(二)给水排水系统轴测图

1.图示内容

给水排水系统轴测图应清楚地表示出管道的空间布置情况,各管段的管径、坡度、标高,以及附件在管道上的位置等。

2.表达方法

1)比例

通常采用与给水排水平面图相同的比例。

2)采用正面斜等轴测画图

《建筑给水排水制图标准》规定,给水排水轴测图宜按45°正面斜轴测投影法绘制。我国习惯上采用正面斜等测来绘制轴测图,由于通常采用与给水排水平面图相同的比例,沿坐标轴 X、Y 方向的管道,不仅与相应的坐标轴平行,而且可以从给水排水平面图中量取长度,平行于坐标轴 Z 方向的管道,则也应与轴测轴 OZ 相平行,且可按实际高度以相同的比例作出。凡不平行于坐标轴方向的管道,可通过作平行于坐标轴的辅助线,从而确定管道的两端位置。

3)管道系统的划分

一般按给水排水平面图中进出口编号已分成的系统,分别绘制出各管道系统的轴测图,这样,可避免过多的管道重叠和交叉。为了与平面图相呼应,每个管道系统轴测图应编号,且编号应与底层给水排水平面图中管道进出口的编号相一致。

4)图线、图例与省略画法

给水、废水、污水系统轴测图中的管道,也可以按过去的习惯都用粗实线表示,不必如平面图中那样用汉语拼音字母加不同线型的图线或不同线型的粗线来表示不同类型的管道,其他的图例和线宽仍按原规定绘制。在系统轴测图中不必画出管件的接头形式。

在管道系统中的配水器,如水表、截止阀、放水龙头等,可用图例画出,但不必每层都画。布置相同的各层,可只将其中的一层画完整,其他各层只需在立管分支处用折断线表示。

在排水轴测图中,可用相应图例画出卫生设备上的存水弯、地漏或检查口等。排水横管虽有坡度,但由于比例较小,故可画成水平管道。由于所有卫生设备或配水器具已在给水排水平面图中表达清楚,故在给水排水系统轴测图中就没有必要画出。

5)房屋构件的位置

为了反映管道和房屋的联系,系统轴测图中还要画出被管道穿越的墙、地面、楼面、屋面的位置。一般用细实线画出地面和墙面,并加轴测图中的材料图例线;用一条水平细实线画出楼面和屋面。对于水箱等大型设备,为了便于与各种管道连接,可用细实线画出其主要外形轮廓的轴测图。

6)轴测图中管道交叉、重叠时的图示法

当管道在系统图中交叉时,应在鉴别其可见性后,在交叉处将可见的管道画成连续的,而将不可见的管道画成断开的。当在同一系统中的管道因互相重叠和交叉而影响轴测图的清晰性时,可将一部分管道平移至空白位置画出(从断开处画出,断开处都应画上断裂符号,并注明连接处的相应连接编号),称为移置画法。

7) 管径、坡度及标高的注法

(1) 管道的管径一般标注在该管段旁边，标注空间不够时，可用指引线引出标注。室内给水排水管道标注管径公称直径。管道各管段的管径要逐段注出；当连续几段的管径都相同时，可以仅标注它的始段和末段，中间段可以省略不注。

(2) 凡有坡度的横管（主要是排水管），都要在管道旁边或引出线上标注坡度，数字下边的单面箭头表示坡向（指向下坡方向）。当排水横管采用标准坡度时，在图中可省略不注，而在施工图的说明中写明。

(3) 室内工程的管道系统轴测图中标注的标高是相对标高，即以底层室内主要地面为 ±0.000。在给水系统轴测图中，标高以管中心为准，一般要注出引入管、横管、阀门及放水龙头，卫生设备的连接支管，与水箱连接的管道，以及水箱的顶面等的标高。其他排水横管的标高，一般根据卫生设备的安装高度和管件的尺寸，由施工人员决定。此外，还要标注各层楼地面及屋面等的标高。

3. 绘图步骤

为了便于读图，可把系统轴测图的立管所穿过的地面画在同一水平线上；管道系统轴测图的长度尺寸可由平面图中量取，高度则应根据房屋的层高、卫生设备的安装高度等决定。

(1) 画各系统的立管。

(2) 定出各层的楼地面及屋面位置。

(3) 在给水系统图中，先从立管往管道进口方向转折画出引入管，然后在立管上引出横支管和分支管，从各支管画到放水龙头以及洗脸盆、大便器等的冲洗水箱的进水口；在废水、污水轴测图中，先从立管或竖管（如污水系统在底层另有一根不通过立管的竖管与另设的排出管相连，排除底层大便器的污水，则按竖管与立管的相对位置先补画出这条竖管）往管道出口方向转折画出排出管，然后在立管或竖管上画出承接支管、存水弯等。

① 定出管道穿墙的位置。

② 标注管道公称直径、坡度、标高等数据及说明。

(三) 给水排水平面图和系统轴测图的识读

1. 识读给水排水平面图

识读内容包括：

(1) 卫生器具和管道所在的房间、室外地坪、楼地面和屋面的标高；

(2) 卫生设备的种类和屋顶有无水箱；

(3) 管道系统的布置；

(4) 各个管道系统的管路概况，区分给水系统、排水系统、污水系统。

2. 识读给水排水系统轴测图

在识读房屋的给水排水系统轴测图时，通常都是先了解房屋的给水排水进出口的编号，由它们划分出管道系统，再分别按给水排水系统轴测图所示的各个系统，对照给水排水平面图进行具体了解。

1) 给水系统

一般从各个系统的引入管开始,依次看水平干管、立管、支管、放水龙头和卫生设备等。如有屋顶水箱分层供水,则在立管进入水箱后,再从水箱的出水管开始,依次看水平干管、立管、支管、放水龙头和卫生设备等。

2) 废水系统和污水系统

一般先在底层给水排水平面图中找出排水管以及与它相对应的系统,然后按各个系统看出与该系统相连的立管或竖管的位置,再找出各楼层给水排水平面图中该立管的位置,以此作为联系,依次按水池、地漏、卫生设备、连接管、横支管、立管、排出管这样的顺序进行识读。

三、室外给水排水施工图

室外给水排水施工图主要表示一个小区范围内的各种室外给水排水管道的布置,与室内管道的引入管、排出管之间的连接,以及管道敷设的坡度、埋深和交接等情况。室外给水与排水施工图包括室外给水排水平面图、管道纵断面图、附属设备的施工图等。

(一)室外给水排水平面图

室外给水排水平面图主要表示给水、污水、雨水等管道的布置及其与室内给水排水管道的连接。

1. 图示内容和表达方法

1) 比例

一般采用与建筑总平面图相同的比例,常用 $1:1000$、$1:500$、$1:300$ 等。

2) 建筑物及道路、围墙等设施

由于室外给水排水平面图主要反映室外管道的布置,因此在该图中,原有房屋以及道路、围墙等附属设施基本上均按建筑平面的图例绘制,但都用细实线画出轮廓线,新建建筑物则用中实线画出轮廓线,原有的各种给水和压力流管线,也都画中实线。

3) 管道及附属设备

一般把各种管道,如给水管、排水管、雨水管,以及检查井、水表、化粪池等附属设备,都画在同一张图纸上,新设计的各种排水管线宜用线宽为 b 的粗线表示,给水管线宜用线宽为 $0.75b$ 的中粗线表示。为了使图形清晰明显,一般:

(1) 新建给水管用粗实线表示。

(2) 新建污水管用粗点画线表示。

(3) 雨水管用粗虚线表示。

(4) 管径都直接标注在相应管道的旁边:

①给水管一般采用铸铁管,以公称直径 DN 表示。

②污水管、雨水管一般采用钢筋混凝土管,以直径 D 表示。

(5) 水表井、检查井、化粪池等附属设备按图例绘制。

对于范围不大的小区的室外管道,不必另画排水干管纵断面图。室外管道应标注绝对标高。

给水管道宜标注管中心标高。由于给水管是压力管且无坡度,往往沿地面敷设,如敷设时为统一埋深,可在说明中列出给水管中心标高。

排水管道(包括雨水管和污水管)应注出起讫点、转折点、连接点、交叉点、变坡点的标高,排水管道宜注管内底标高。为简便起见,可在检查井处引一指引线,在指引线的水平线上面标以井底标高,水平线下面标注用管道种类及编号组成的检查井编号,如 W 为污水管,Y 为雨水管。编号顺序:按水流方向,从管的上游编向下游。

4)指北针、图例和施工说明

在室外给水排水平面图中,图面的右上角应画出指北针及风玫瑰,标明图例,书写必要的说明,以便于读图和按图施工。

2. 绘图步骤

(1)抄绘建筑总平面图中各建筑物、道路等的布置,画出指北针。

(2)按照新建房屋的室内给水排水底层平面图,将有关房屋中相应的给水引入管、废水排出管、污水排出管、雨水连接管等的位置在图中画出。

(3)画出室外给水和排水的各种管道,以及水表、检查井、化粪池等附属设备。

(4)标注管道管径、检查井的编号和标高,以及有关尺寸。

(5)标绘图例和注写说明。

(二)室外给水排水管道纵断面图

在一个小区中,若管道种类繁多,布置复杂,则可按管道种类分别绘出每一条街道的沟管平面图(管道不太复杂时,可合并绘制在一张图纸中),还应绘制出管道纵断面图。室外给水排水管道纵断面图主要表达地面起伏、管道敷设的埋深和管道交接等情况。

1. 比例

由于管道的长度方向尺寸比直径尺寸大得多,为了说明地面起伏情况,在管道纵断面图中,通常采用竖向和纵向不同的组合比例,例如竖向比例常用 $1:200$、$1:100$、$1:50$,纵向比例常用 $1:1000$、$1:500$、$1:300$ 等。

2. 断面轮廓线的线型

管道纵断面图是沿干管轴线铅垂剖切后画出的断面图,压力流管道用单粗实线绘制,重力流管道用双中粗实线绘制;地面、检查井、其他管道的横断面(不按比例,用小圆圈表示)等,用细实线绘制。

3. 主要图示内容

管道纵断面图主要表达干管的有关情况和设计数据,以及该干管附近的管道、设施和建筑物的情况。

四、构配件详图

给水排水平面图、管道系统轴测图以及管道纵断面图等,表达了卫生设备及水池、地漏以及各种管道的布置等情况,而卫生设备及水池的安装、管道的连接等还需有施工详图作为依据。

　　详图采用的比例较大,可按需选用比例。安装详图必须按施工安装的需要表达得详尽、具体、明确,一般都用正投影绘制。设备的外形可以简化画出,管道用双线表示,安装尺寸也应注写完整和清晰,主要材料表和有关说明都要表达清楚。

　　常用的卫生设备安装详图通常套用标准图集中的图样,只要在施工中写明所套用的图集名及其中的详图图号即可。对无标准设计图可供选用的设备、器具安装图及非标准设备制造图,需自行绘制详图。

　　在设计和绘制给水排水平面图和管道系统轴测图时,各种卫生器具的进出水管的平面位置和安装高度,必须与安装详图一致。

　　当各种管道穿越基础、地下室、楼地面、屋面、水箱、梁、墙等建筑构件时,预留孔洞和埋置预埋件的位置尺寸均应在建筑或结构施工图中明确表示,而管道穿越构件的具体做法以安装详图表示。

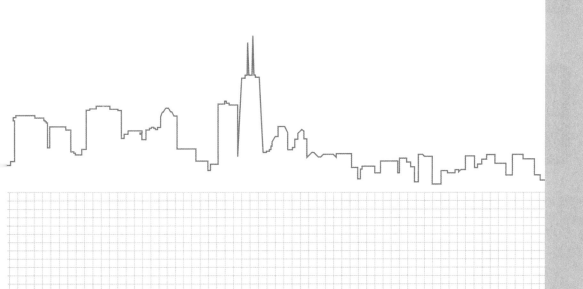

课题 4

透视原理

TOUSHI YUANLI

知识目标

熟悉透视原理、透视规律,了解一点透视和两点透视作图规律。

能力目标

能理解一点透视、两点透视并掌握室内一点透视画法和室内两点透视画法。

教学项目

室内透视表现。

课程内容

4.1　透视的基本知识

4.2　一点透视

4.3　两点透视

4.4　三点透视

课程思政实施

课程思政元素:

工匠精神、精益求精。

课程思政切入点:

1. 课前 PPT 展示插图,播放视频。

2. 学生上台展示作图方法。

3. 课后图片互动。

教学方法活动:

图片展示、视频播放、案例分析、小组讨论。

课程思政目标:

1. 倡导尊重同行,公平竞争,搞好同行之间的关系,不得采取不正当的手段损害、侵犯同行的权益。

2. 培养学生廉洁自律的作风以及力求完美的工作态度。

4.1　透视的基本知识

　　投影是使光线透过物体,向选定的面投射,并在该面上得到图形的方法,按投影方法不同可划分为平行投影法和中心投影法。

　　透视,即透过透明平面来观察物体,从而研究物体投影成形的方法,是绘画与设计活动中观察和研究画面空间的主要手段。

一、透视现象

　　人们站在玻璃窗内用一只眼睛观看室外的建筑物,把看到的形象准确地画在玻璃窗上,所构成的投影图,称为透视投影图,简称透视图(或透视)。透视投影图是以人的眼睛为中心的中心投影,符合人们的视觉形象认知。透视画法是工程上广泛采用的一种图示方法。

　　透视现象(见图4-1)的特点可总结为:近大远小、近高远低、近实远虚、近粗远细、近宽远窄、近疏远密。

　　(1)建筑物上等高的墙或柱子,距离画面近的高、远的低,简述为近高远低。

　　(2)建筑物上等间距、等宽度的窗子或窗间墙,距离画面近的疏、宽,远则密、窄,简述为近疏远密、近宽远窄。

　　(3)等体量的建筑物,距离画面近的体量大,远则小,简述为近大远小。

图4-1　现实生活中常见的透视现象

二、学习透视画法的意义

　　对任何一位从事设计工作的人来说,掌握透视画法都是很重要的,因为它是一切作图的基础。设计需要用图来表达构思,好的透视图有助于形成真实的想象。相关行业的从业人员掌握透视画法,有助于提升手绘效果呈现技能,可帮助客户进行空间想象,从而增强自己的职业竞争力。(见图4-2)

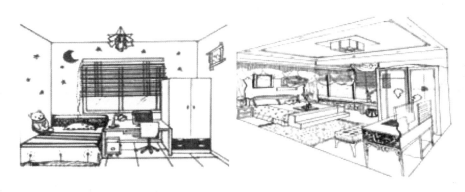

图 4-2　透视作品

三、透视常用术语

透视常用术语（部分）如图 4-3 所示。

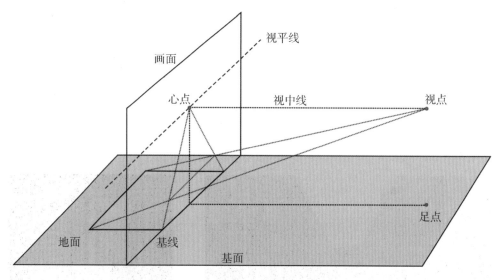

图 4-3　透视常用术语（部分）

（1）基面——放置建筑物的水平地面，也可将绘有建筑物平面图的投影面或任何水平面理解为基面。

（2）画面——透视图所在的平面，一般以垂直于基面的铅垂面为画面。

（3）基线——基面与画面的交线，在平面图中表示画面的位置。

（4）视点——相当于人眼所在的位置，即投影中心。

（5）灭点——建筑物上与画面相交的平行直线在透视图中交于灭点。直线上离画面无限远的点，其透视称为直线的灭点，也称消失点。

（6）足点——基面上视点的正投影；相当于观看建筑物时人的站立点。

（7）心点——视点在画面上的正投影。

（8）视中线——引自视点并垂直于画面的视线，即视点与心点的连线。

（9）视平线——视平面与画面的交线，当画面为铅垂面时，心点必位于视平线上。

(10)视高——视点与基面的距离,即人眼的高度。当画面为铅垂面时视平线与基线的距离即反映视高。

(11)视距——视点距画面的距离,即视中线的长度。当画面为铅垂面时,足点与基线的距离即反映视距。

四、透视的分类

由于物体与画面间相对距离可能变化,它的长、宽、高三组主要方向的轮廓线,与画面可能平行,也可能不平行。与画面不平行的轮廓线,在透视图中就会形成灭点(称为主要灭点);而与画面平行的轮廓线,在透视图中就没有灭点。透视图一般按照画面上主要灭点(消失点)的多少,分为三种:一点透视(平行透视)、两点透视(成角透视)、三点透视(倾斜透视)。(见图4-4)

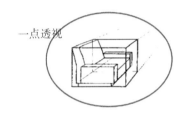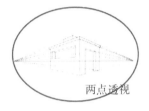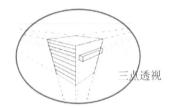

图 4-4　透视的分类

五、视觉范围与视点选定

视点、画面和建筑物三者之间相对位置的变化,直接影响所绘建筑透视图。要使建筑透视图尽可能符合人们在正常情况下直接观看建筑物时的效果,而不发生畸变,就需要考虑采用合适的视觉范围,同时,为了让透视图更多地反映建筑造型特征,就应该将视点放在恰当的位置上。

1. 人眼的视觉范围

在绘制建筑透视图时,生理视觉通常被控制在 60°以内,以 30°~40°为佳。如绘制室内透视图,由于受到空间的影响,视角可稍大于 60°,但不宜超过 90°。

2. 视点的选择

视点的选择,包括在平面图上确定足点的位置和在画面上确定视平线的高度。

(1)确定足点的位置,应考虑以下几点要求:保证视角大小适宜;足点的选择应使绘成的透视图能充分体现出建筑物的整体造型特点;足点应尽可能确定在实际环境所许可的位置上。

(2)视高,即视平线与基线间的距离,一般可按人的身高(1.5~1.8 米)确定。但有时为使透视图取得特殊效果,会将视高加大或减小。

(3)注意画面与建筑物的相对位置。应特别注意画面与建筑物立面的偏角大小对透视形象的影响,以及画面相对建筑物的前后位置对透视形象的影响。

4.2 一点透视

一、一点透视原理

一点透视也称平行透视,是指只有一个灭点的透视。一点透视表现范围广,纵深感强,适合表现庄重、严肃的室内空间。缺点是比较呆板,与真实效果有一定距离。

二、一点透视画法

1. 一点透视作图规则

示范作图

长方体一点透视画法如图4-5所示。

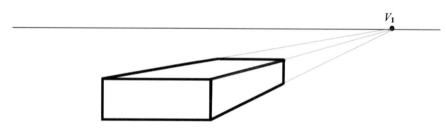

图4-5　长方体一点透视画法

一点透视
——长方体

分析:一点透视中物体有三组线和一个消失点,平行线与画面平行,垂直线与画面垂直,倾斜线朝消失点消失。

2. 一点透视消失点的衡量

(1)V_1偏左,右边墙突出一点,视觉重点在右边,右边物体突出一点。(见图4-6)

(2)V_1适中,上下左右比较和谐。(见图4-7)

(3)V_1偏右,左边墙突出一点,视觉重点在左边,左边物体突出一点。(见图4-8)

(4)V_1偏下,吊顶突出,给人压抑的感觉。(见图4-9)

(5)V_1偏上,前景突出,纵深感较强。(见图4-10)

以立方体为例。立方体的平行透视有9种形态(见图4-11),如何定视平线、消失点?

一点透视
——浴缸

(1)视平线偏低:仰视图,表现物体高大。

(2)视平线适中:平视图,表现物体一般特征。

(3)视平线偏高:俯视图,表现物体矮小。

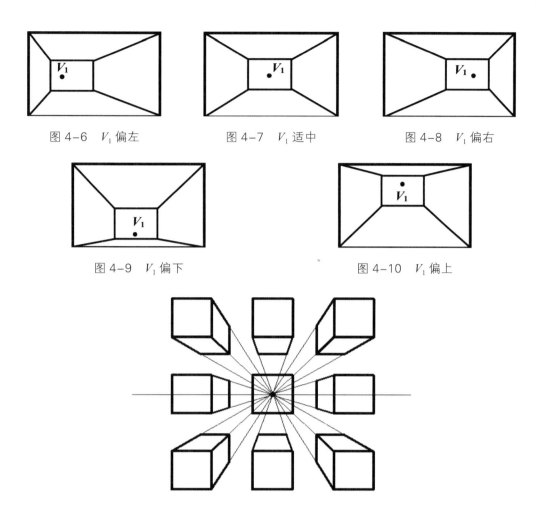

图 4-6　V_1 偏左　　　图 4-7　V_1 适中　　　图 4-8　V_1 偏右

图 4-9　V_1 偏下　　　　　　图 4-10　V_1 偏上

图 4-11　立方体的平行透视的 9 种形态

(4) 消失点偏左:侧重表现物体右面造型。

(5) 消失点正中:侧重表现物体正面造型。

(6) 消失点偏右:侧重表现物体左面造型。

正　　Ⅲ

(1) 请简述透视的投影规律。

(2) 请简述透视的分类。

三、室内一点透视画法

作图方法:

(1) 根据房间大小控制高宽比,直接定长方形 $ABCD$,其中 AB 为高,AD 为宽。

(2) 以 AD 为地平线,在视图中距地平线 1.7 m 高的位置定一视平线 HL 和消失点 V_1。

(3) 在视平线 HL 上随意定另一点 V_2(距离适中),分别连 V_1 与 A、B、C、D 点,并延长。

(4) 按一定尺度比例在 AD 的延长线上确定点 P,DP 为房间深度(长)。

(5)连 V_2 与 P 点交 V_1D 延长线于 d 点,然后过 d 点画线与 CD 平行,交 V_1C 的延长线于点 c。

(6)分别过点 c、d 引 BC、AD 的平行线,与 V_1B、V_1A 交于点 a、b。

(7)连接点 a、b 即得普通房间的一点透视。

(8)室内透视绘制完成后,擦去不必要的线条,形成一张一点透视图。

示范作图

房间一点
透视画法

根据房间平面图(见图 4-12)作其一点透视。

作图步骤:

(1)根据房间大小控制高宽比,直接定长方形 $ABCD$,其中 AB 为房间的高 (2800 mm),AD 为房间的宽(3300 mm)。(见图 4-13)

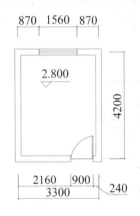

图 4-12 房间平面图

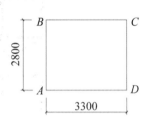

图 4-13 一点透视作图 1

(2)以 AD 为地平线,在视图中距地平线 1.7 m 高的位置定一视平线 HL 和消失点 V_1。(见图 4-14)

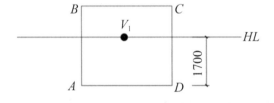

图 4-14 一点透视作图 2

(3)在视平线 HL 上随意定另一点 V_2(距离适中),分别连 V_1 与 A、B、C、D 点并延长。可仅保留延长线。(见图 4-15)

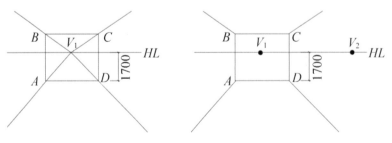

图 4-15 一点透视作图 3

（4）按一定尺度比例在 AD 的延长线上确定一点 P，DP 表示房间深度（长）4200 mm。

（5）连 V₂P 与过 D 点的延长线相交于点 d（见图4-16），然后过点 d 作 CD 的平行线，与 V₁C 延长线交于点 c，用类似的方法作出 AD、AB、BC 的平行线，绘制出室内空间。（见图4-17）

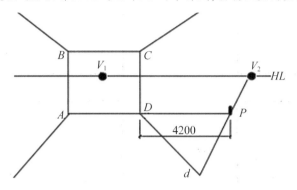

图 4-16　一点透视作图 4

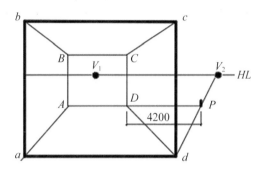

图 4-17　一点透视作图 5

（6）如有需要，可继续绘制室内地面。在 AD 上定出六等分点，依次用 V₁ 连接各点，作出延长线；在 DP 上定出七等分点，依次用 V₂ 连接各点，交于 V₁D 的延长线，并过交点作 AD 的平行线，作出室内地面。（见图4-18）

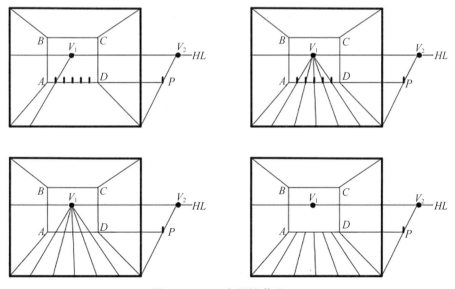

图 4-18　一点透视作图 6

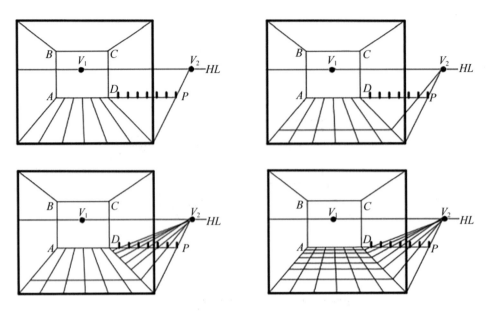

续图 4-18

(7)擦去不必要的线条,形成一张一点透视图。(见图 4-19)

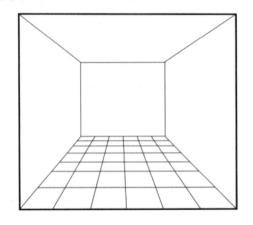

图 4-19　一点透视作图 7

(8)绘制家具。按一定尺度比例绘制家具,并用之前所用的确定位置的方法在透视图中确定位置。(见图 4-20)

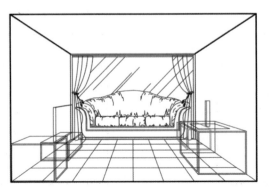

图 4-20　一点透视作图 8

(1) 根据卧室平面图(见图 4-21)及相关尺寸绘制卧室一点透视图。

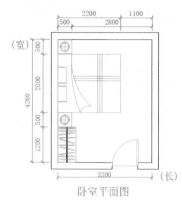

卧室平面图

尺寸/mm 家具	长	宽	高
床	2200	2000	400
床头柜	500	500	500
衣柜	650	1200	2200

图 4-21　卧室一点透视作业

(2) 根据卫生间平面图(见图 4-22)及相关尺寸绘制卫生间一点透视图。

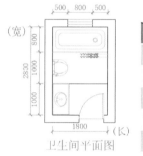

卫生间平面图

尺寸/mm 家具	长	宽	高
浴缸	1800	800	500
马桶	500	500	500
洗漱池	550	1000	700
窗	800	240	1470
窗距地面900mm			

图 4-22　卫生间一点透视作业

(3) 用一点透视绘制衣柜。

(4) 用一点透视绘制浴缸。

(5) 用一点透视绘制客厅一角。

(6) 用一点透视绘制书房一角。

4.3　两点透视

一、两点透视原理

两点透视也称成角透视,是指有两个灭点的透视。两点透视图面效果比较自由、活泼,能

比较真实地反映空间。缺点是,角度选择不好易产生变形。(见图 4-23)

图 4-23 现实生活中常见的成角透视

二、两点透视画法

1. 两点透视作图规则

(1)物体有三组线和两个消失点;
(2)物体上的平行线与画面平行;
(3)其他两组倾斜线朝消失点消失。
长方体的两点透视如图 4-24 所示。

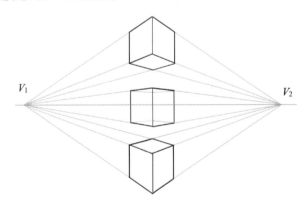

图 4-24 长方体的两点透视

2. 两点透视消失点的衡量

(1)V_1、V_2 较近,角度选择不准,物体容易变形。(见图 4-25)
(2)V_1、V_2 较远,物体能表现得更真实一些。(见图 4-26)

两点透视——床的画法

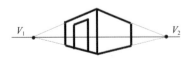

图 4-25 V_1、V_2 较近

图 4-26 V_1、V_2 较远

示范作图

绘制物体的两点透视,如图4-27所示。

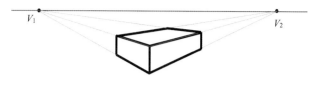

图4-27　物体的两点透视

三、室内两点透视画法

两点透视
——长方体

作图方法:

(1)按照一定比例确定线段AB(墙角线),长度为房间高度,竖直向。

(2)在AB间选定视平线HL,过B作水平的辅助线PL(地平线)。

(3)在HL(视平线)上确定灭点 V_1、V_2,分别连接 V_1A、V_1B、V_2A、V_2B,画出延长线,即得墙体线。

(4)以 V_1V_2 的一半长度为直径画下半圆,在半圆上确定视点E,为 V_1V_2 中垂线与半圆的交点。

(5)分别以 V_1、V_2 为圆心,以 V_1E、V_2E 为半径画圆,与 V_1V_2 交于 M_1、M_2 两点。

(6)在PL(地平线)上,根据房间的长、宽尺寸画出表示长、宽的线段FB、GB。

(7)连 M_1、F点并延长,与墙体线相交于J点,将 V_1 与J点相连,作出延长线;连 M_2、G点并延长,与墙体线相交于K点,将 V_2 与K点相连,作出延长线,与 V_1J 的延长线交于M点,求出地面线。

(8)过J、K点作HL的垂直线,与墙体线交于点N、Q,分别用 V_1 与N、V_2 与Q点相连并作出延长线,两延长线交于R点,连R、M点,求出透视图。

示范作图

根据房间平面图(见图4-28)作其两点透视。

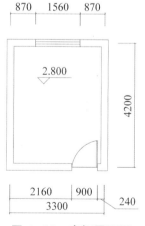

図4-28　房间平面图

房间两点
透视画法

作图步骤:

(1)按照一定比例确定线段AB(墙角线),竖直向,长度是房间的高(2800 mm)。在AB间选

定视平线 HL，过 B 作水平的辅助线 PL（地平线）。（见图 4-29）

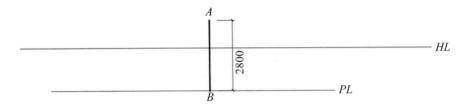

图 4-29　两点透视作图 1

（2）在 HL（视平线）上确定灭点 V_1、V_2，分别连接 V_1A、V_1B、V_2A、V_2B，画出延长线（墙体线）。注意：灭点 V_1、V_2 之间的距离可安排较远，后期成角不易变形。（见图 4-30）

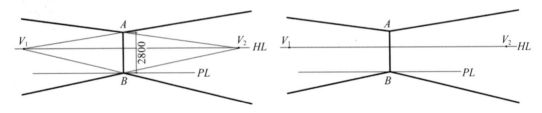

图 4-30　两点透视作图 2

（3）取 V_1V_2 的中点，以这一点为圆心、以 V_1 到 V_2 的距离的一半为直径画下半圆，在半圆上确定其与 V_1V_2 的中垂线的交点为视点 E。（见图 4-31）

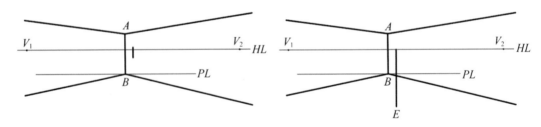

图 4-31　两点透视作图 3

（4）分别以 V_1、V_2 为圆心，以 V_1E、V_2E 为半径画圆，与 V_1V_2 交于 M_1、M_2 两点。（见图 4-32）

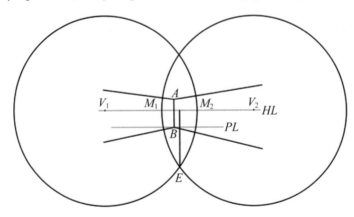

图 4-32　两点透视作图 4

（5）在 PL（地平线）上，根据房间的长、宽尺寸画出线段。左边线段 FB 表示房间的宽（3300 mm），右边线段 BG 表示房间的长（4200 mm）。（见图 4-33）

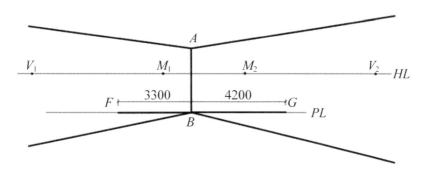

图 4-33　两点透视作图 5

（6）连 M_1、F 点并延长，与墙体线相交于 J 点，将 V_1 与 J 点相连，作出延长线；连 M_2、G 点并延长，与墙体线相交于 K 点，将 V_2 与 K 点相连，作出延长线，与 V_1J 的延长线交于 M 点，求出地面线。（见图 4-34）

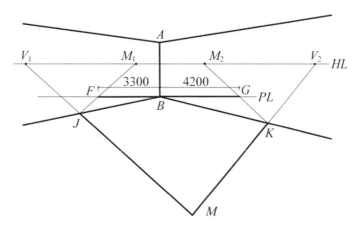

图 4-34　两点透视作图 6

（7）过 J、K 点作 HL 的垂直线，与墙体线交于点 N、Q，分别用 V_1 与 N、V_2 与 Q 点相连并作出延长线，两延长线交于 R 点，连 R、M 点，求出透视图。（见图 4-35）

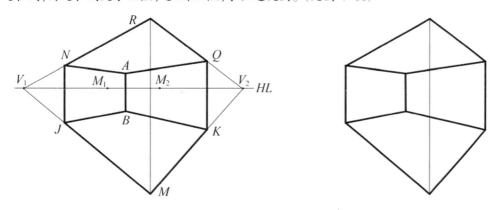

图 4-35　两点透视作图 7

（8）如有需要，可继续绘制室内地面。在 FB 上定出六等分点，用 M_1 连接一等分点并延长，交墙体线于 S 点，再连 V_1、S 点并延长至地面线。其余各等分点用类似方法处理。（见图 4-36）

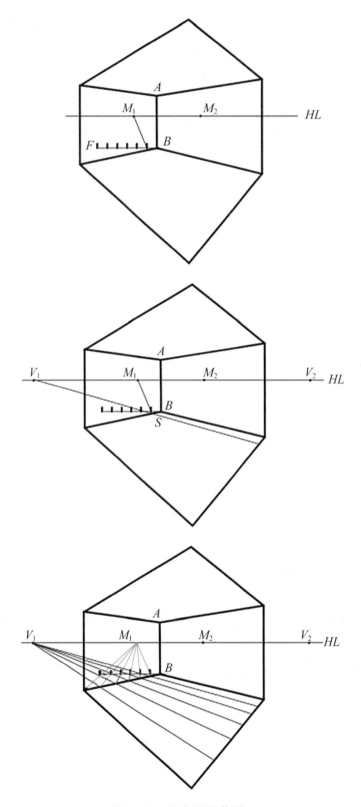

图 4-36　两点透视作图 8

(9)在 *GB* 上定出六等分点,用第(8)步中相同方法作出室内地面。(见图 4-37)

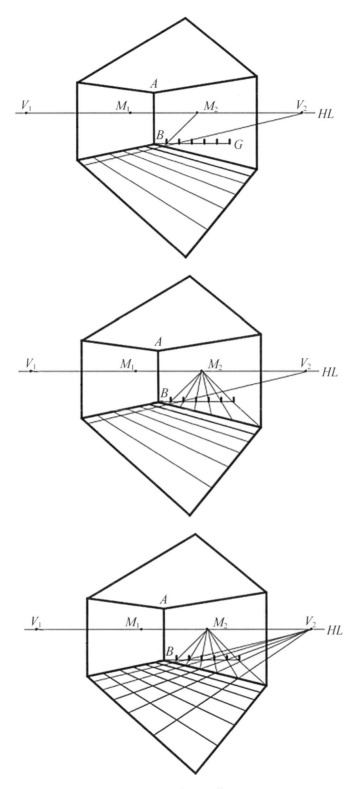

图 4-37　两点透视作图 9

(10)擦去不必要的线条,形成一张两点透视图。(见图 4-38)

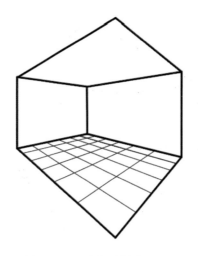

图 4-38　两点透视作图 10

（11）绘制家具。若有需要，可按一定尺度比例绘制家具，并用上文中的方法在透视图中确定位置。

作业

（1）根据图 4-39 所示卧室平面图绘制卧室两点透视图。

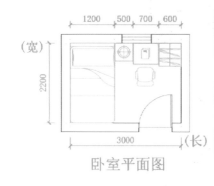

尺寸/mm　家具	长	宽	高
床	1200	2200	400
书桌	700	600	700
床头柜	500	500	500
衣柜	600	650	2200
窗	800	240	1470
窗距地面900mm			

图 4-39　卧室两点透视作业

（2）根据图 4-40 所示卫生间平面图绘制卫生间两点透视图。

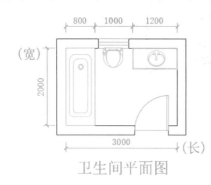

尺寸/mm　家具	长	宽	高
浴缸	800	2000	500
马桶	500	500	500
洗漱池	1200	550	700
窗	800	240	1470
窗距地面900mm			

图 4-40　卫生间两点透视作业

(3)用两点透视绘制衣柜。

(4)用两点透视绘制浴缸。

(5)用两点透视绘制客厅一角。

(6)用两点透视绘制书房一角。

4.4 三点透视

三点透视也称倾斜透视。三点透视多用于高层建筑透视。

三点透视原理：

(1)物体有三组线和三个消失点；

(2)三组倾斜线朝三个消失点消失。

示范作图

长方体的三点透视如图 4-41 所示。

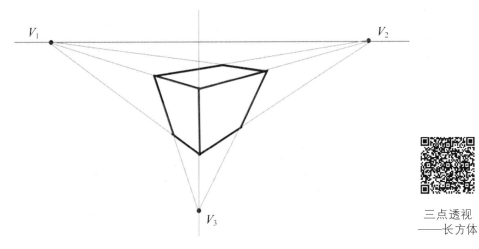

三点透视
——长方体

图 4-41 长方体的三点透视作图

学生透视画法作业展示如图 4-42 所示。

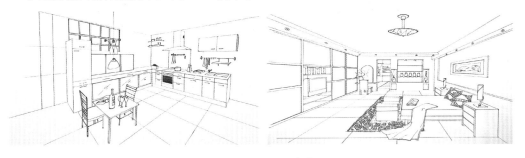

图 4-42 学生透视画法作业展示

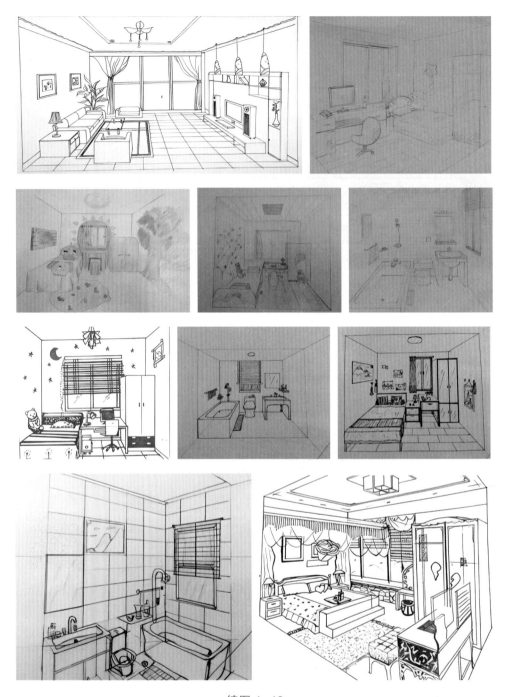

续图 4-42

附录

制图与识图训练

ZHITU YU SHITU XUNLIAN

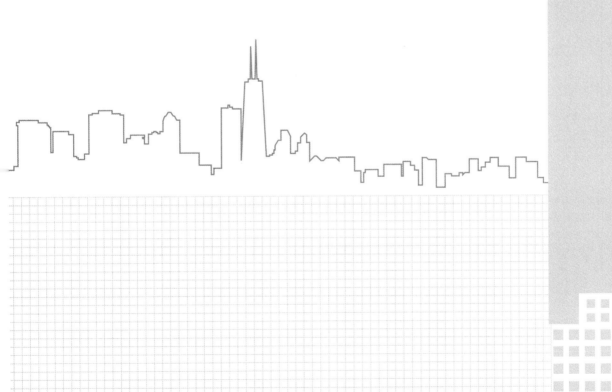

以下图纸为某小区户型尺寸及相应设计资料,请按照要求识读并绘制建筑施工图。

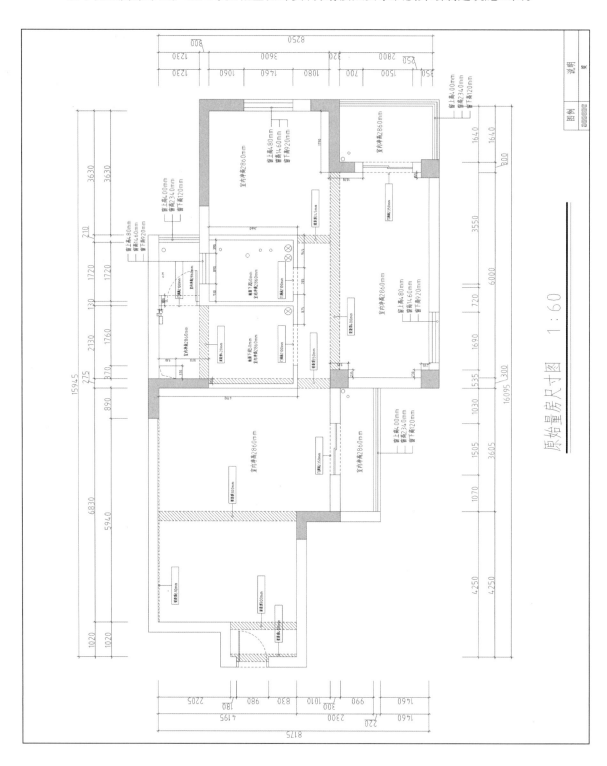

原始量房尺寸图　1:60

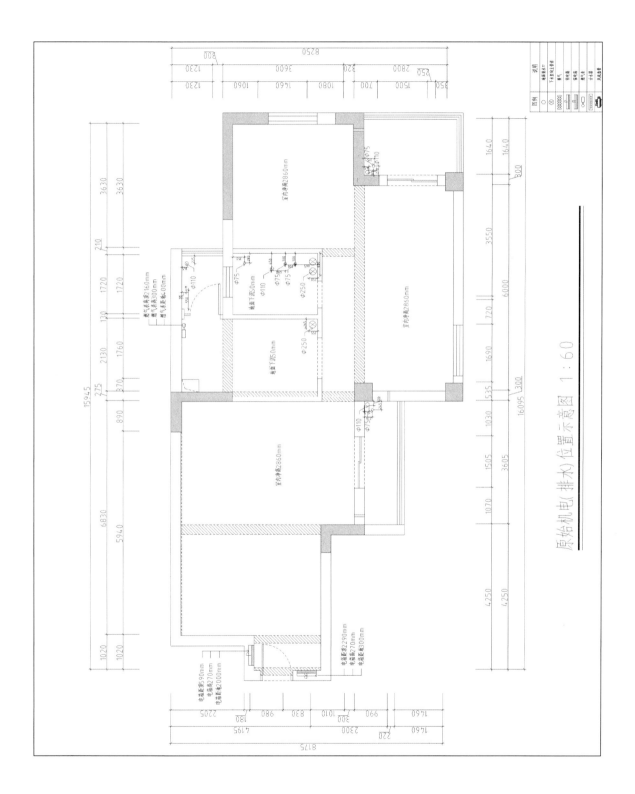

原始机电(排水)位置示意图 1∶60

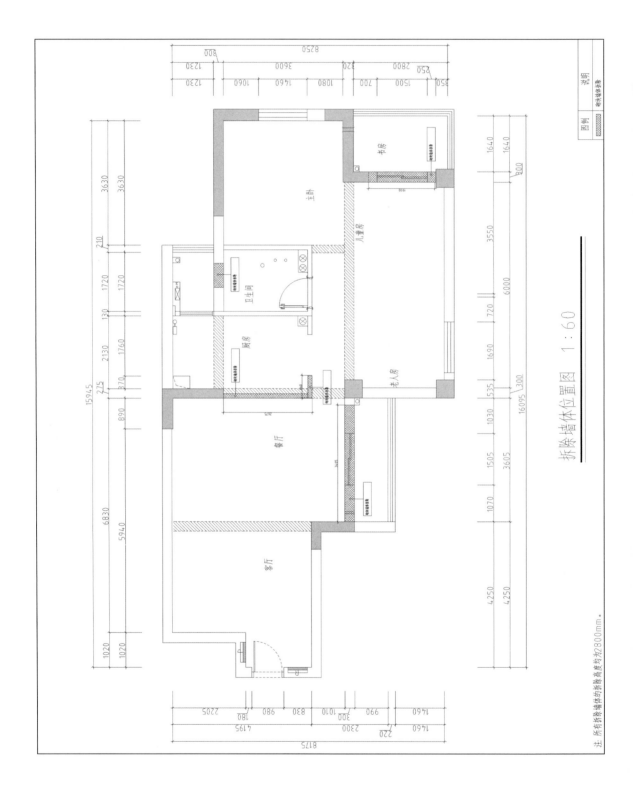

拆除墙体位置图 1：60

注：所有拆除墙体的拆除高度均为2800mm。

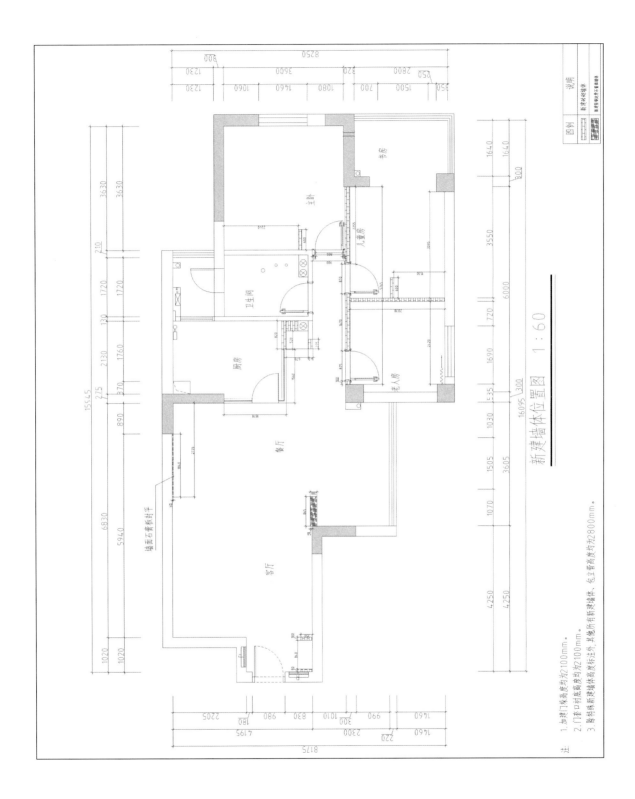

新建墙体位置图　1:60

注：
1. 加建门垛高度均为2100mm。
2. 门套口封底高度均为2100mm。
3. 除料线新建墙体高度标注外，其他所有新建墙体，包立管高度均为2800mm。

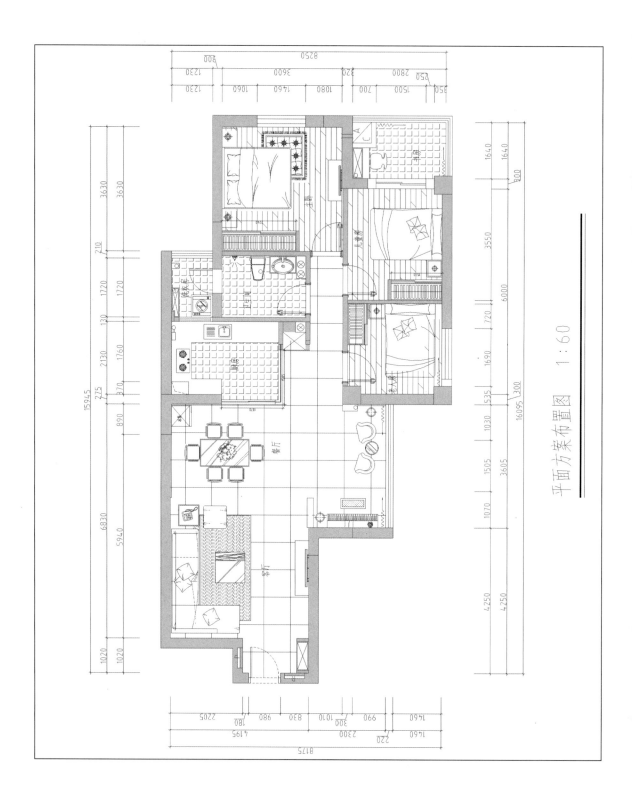

平面方案布置图 1:60

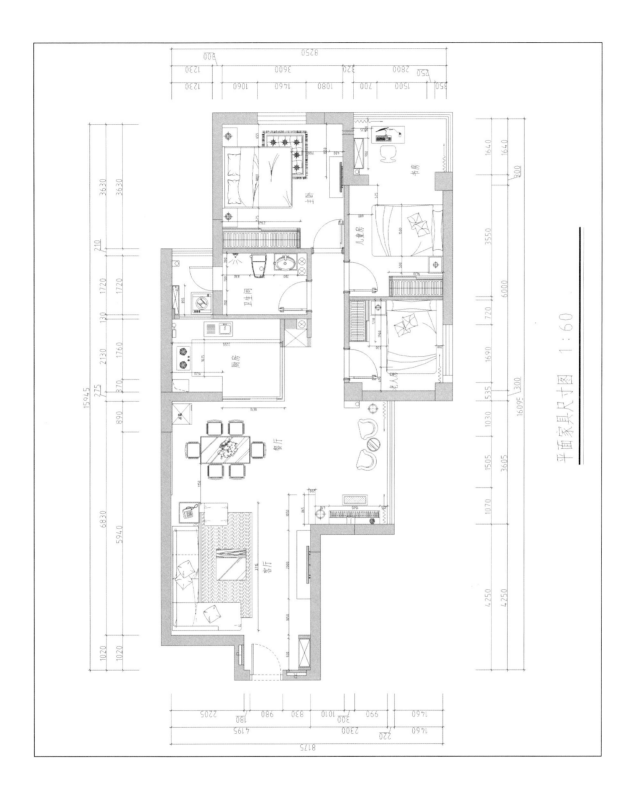

平面家具尺寸图 1:60

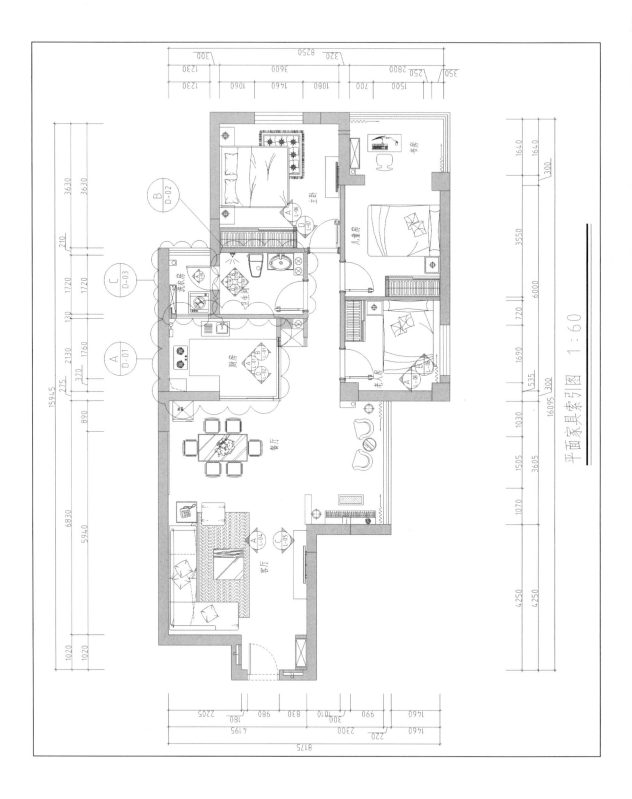

平面家具索引图 1:60

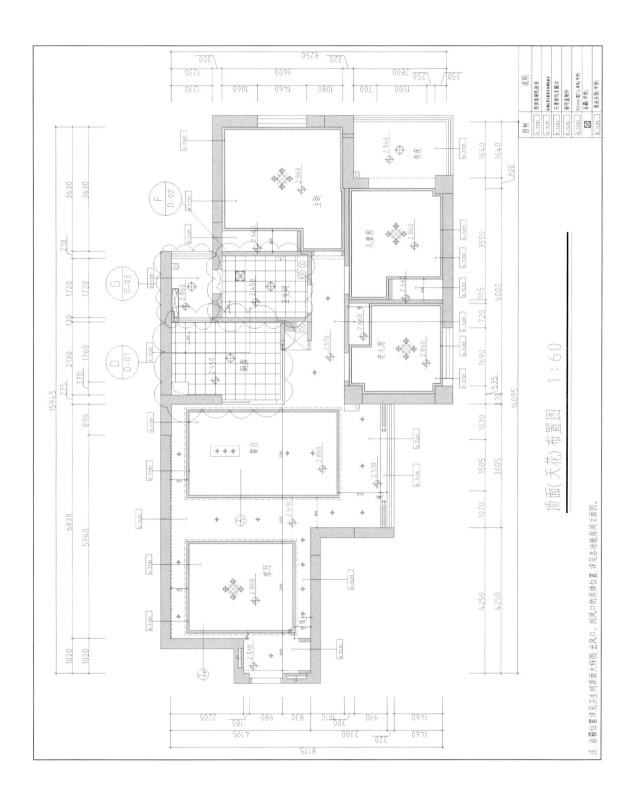

顶面(天花)布置图 1:60

注:各房位置详见卫生间顶面大样图,出风口、回风口的具体位置详见各功能房间立面图。

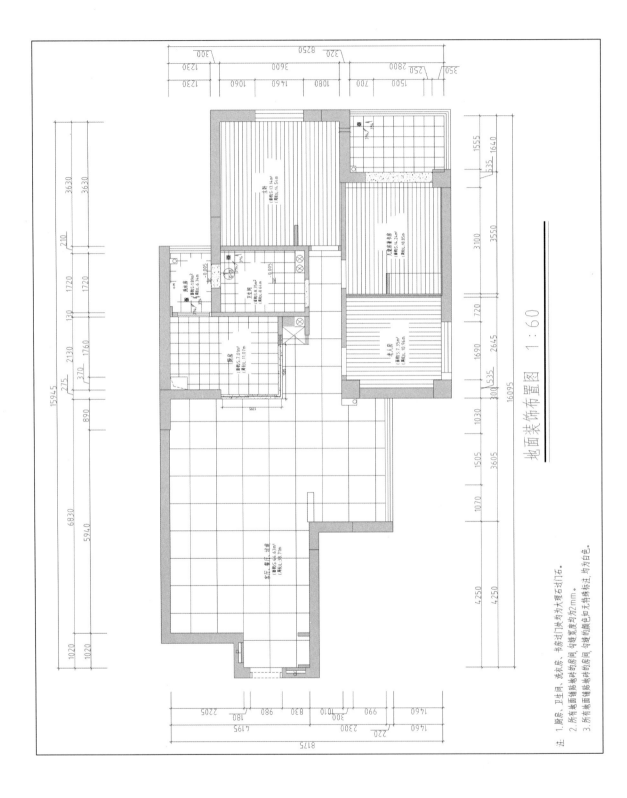

地面装饰布置图 1:60

注: 1.厨房、卫生间、洗衣房、书房过门坎均为大理石过门石。
2.所有墙面铺贴地砖的房间,勾缝宽度均为2mm。
3.所有地面铺贴地砖的房间,勾缝的颜色加无特殊标注,均为白色。

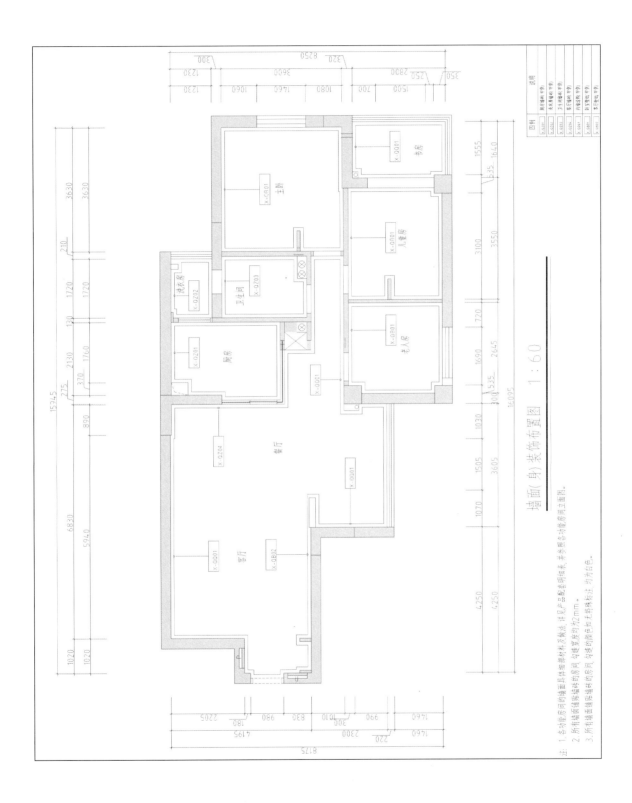

墙面(身)装饰布置图 1:60

注: 1.各功能房间的墙面具体地铺材料及做法,详见产品配主明细表,并参照各功能房间立面图。

2.所有镶边墙贴墙砖的房间,勾缝宽度均为2mm。

3.所有镶边墙贴墙砖的房间,勾缝的颜色同勾缝剂颜色加无特殊标注,均为白色。

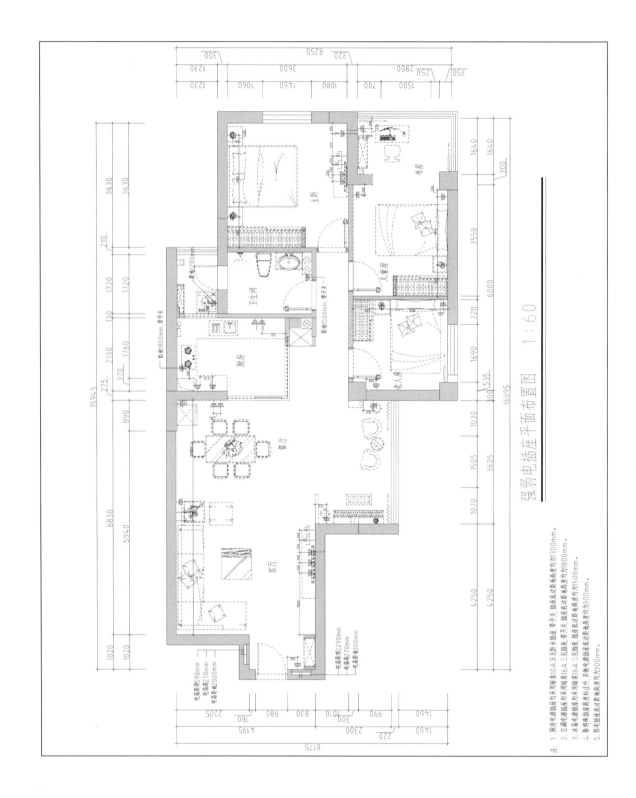

强弱电插座平面布置图　1∶60

注：1. 厨房电源插座采用带10A五孔防水插座；带开关三插座、零开关、零插座底边距地高度均为300mm。
2. 空调电源插座采用带16A三孔插座；带开关三插座、零开关、零插座底边距地高度均为1800mm。
3. 冰箱电源插座采用带16A三孔插座；插座底边距地面高度均为500mm。
4. 除特殊插座高度有标注以外，其他电源插座底边距地面高度均为300mm。
5. 弱电插座底边距地高度均为300mm。

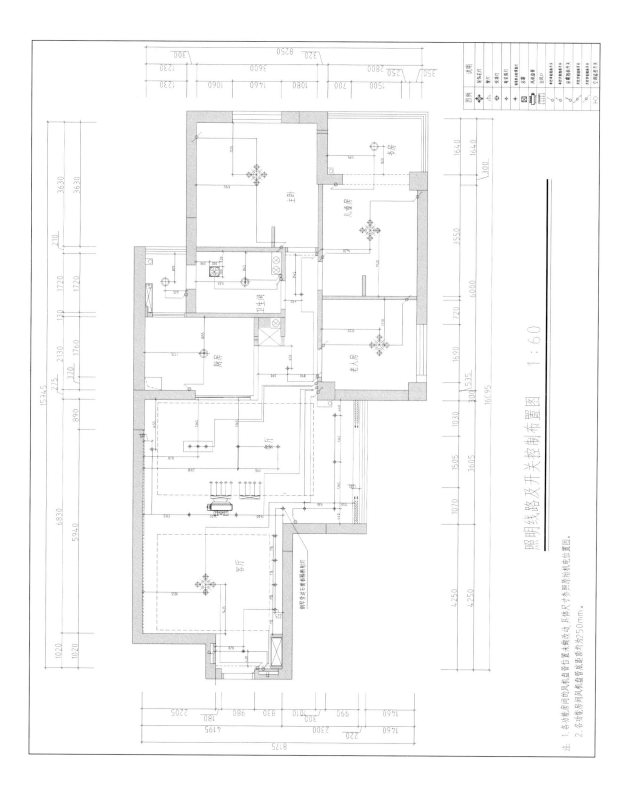

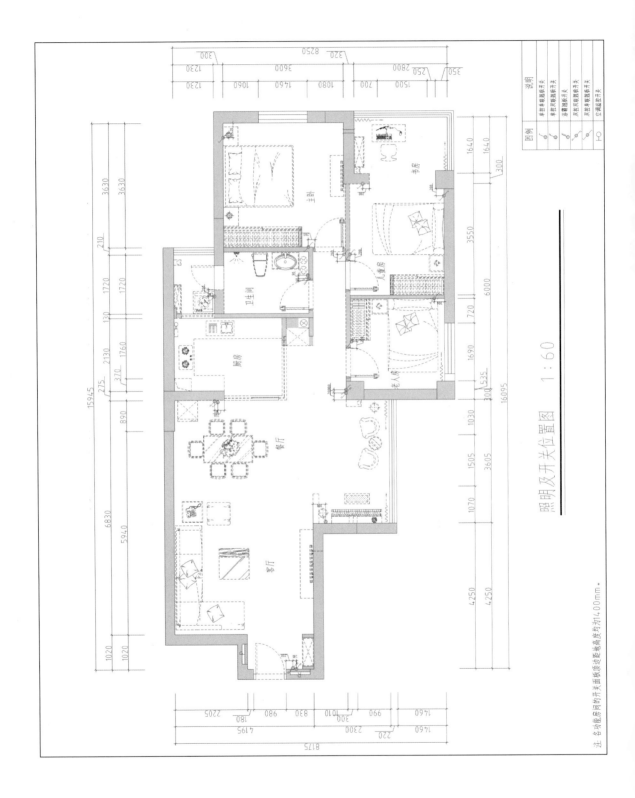

照明及开关位置图 1:60

注 各功能房间的开关画框顶面变死地面均为1400mm。

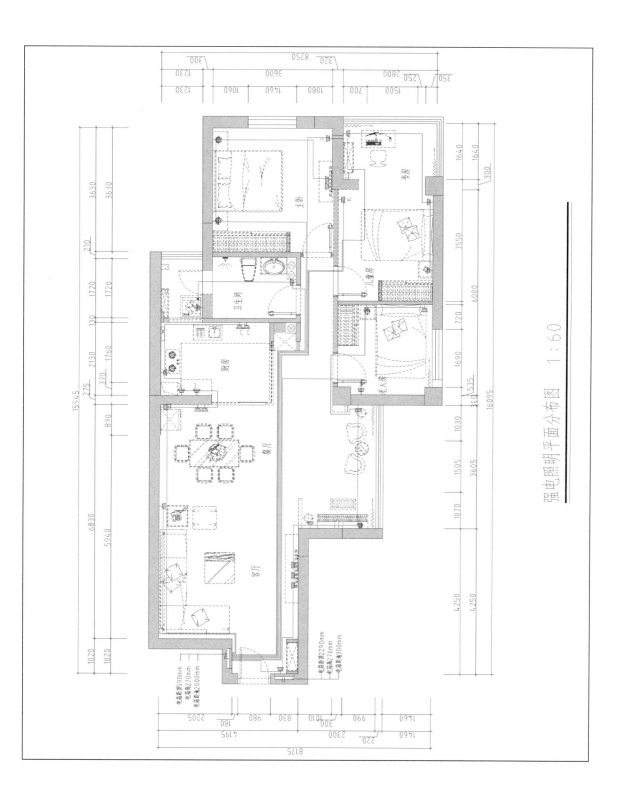

强电照明平面分布图 1:60

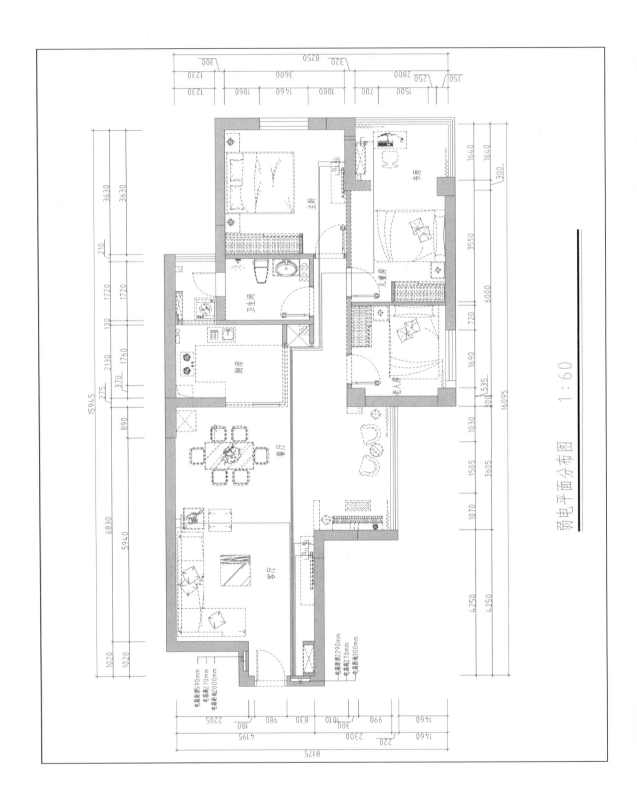

弱电平面分布图　1:60

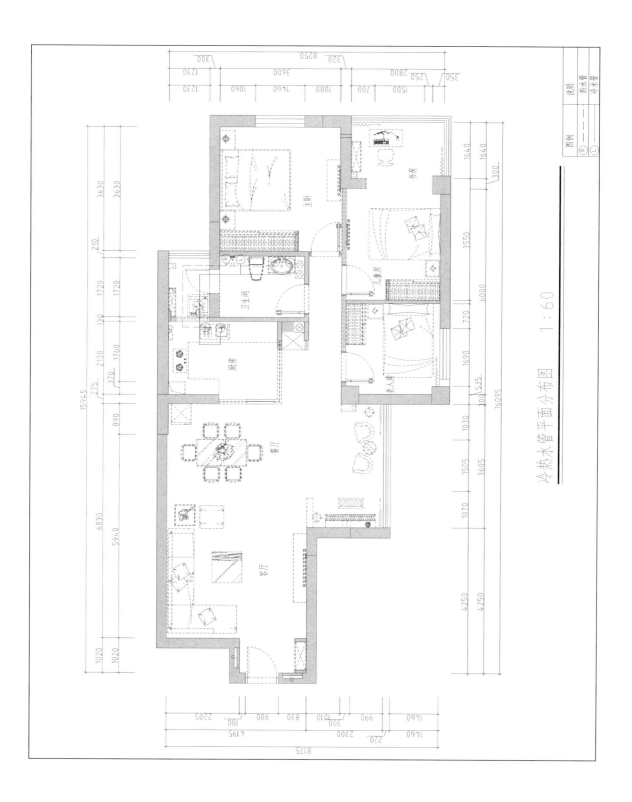

冷热热水管平面分布图 1：60

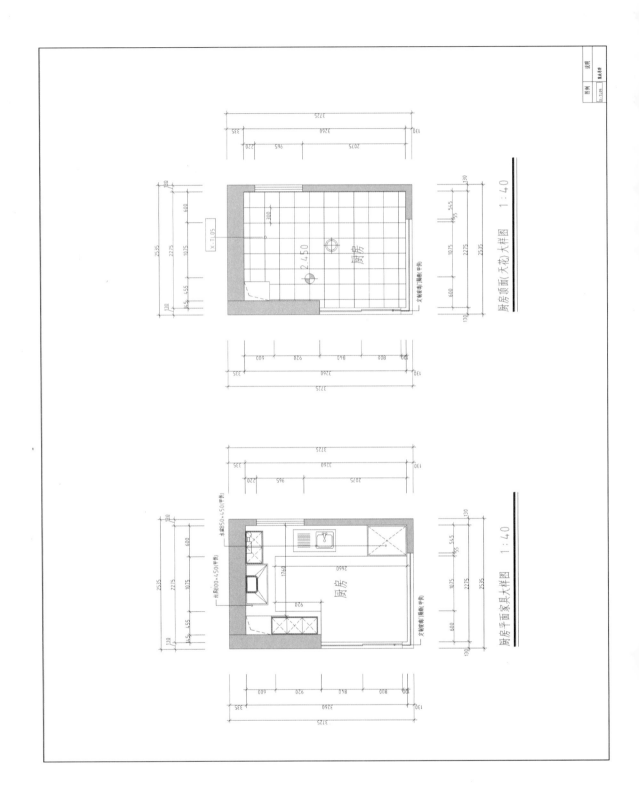

厨房顶面天花大样图 1:40

厨房平面家具大样图 1:40

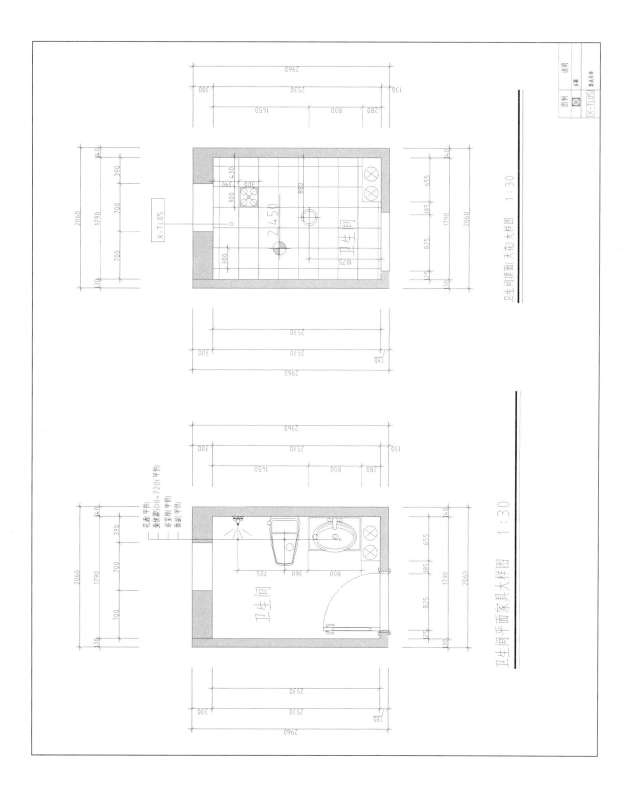

卫生间顶面天花大样图 1:30

卫生间平面家具大样图 1:30

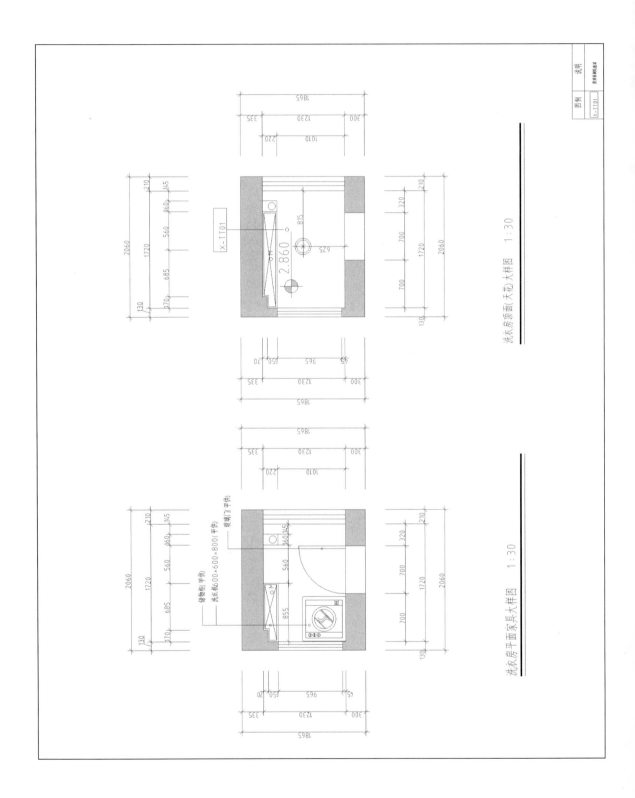

洗衣房顶面(天花)大样图　1:30

洗衣房平面家具大样图　1:30

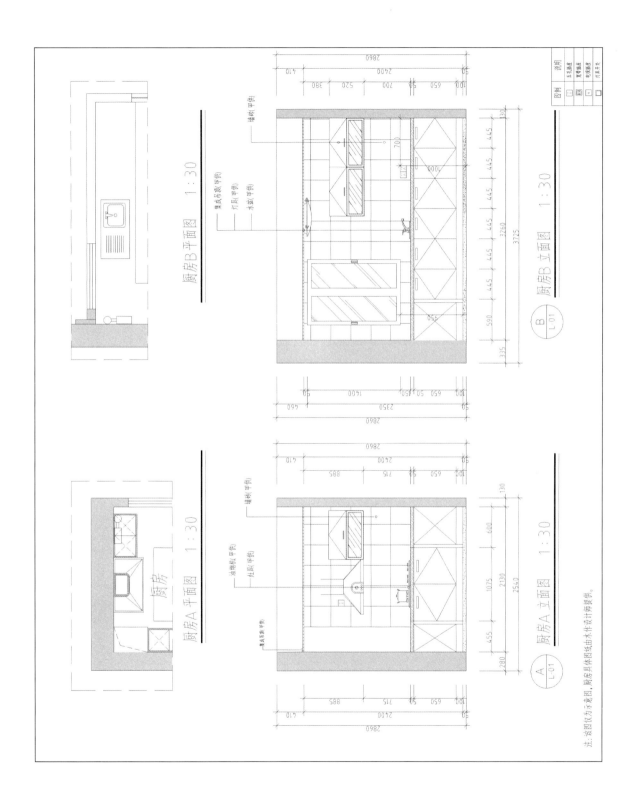

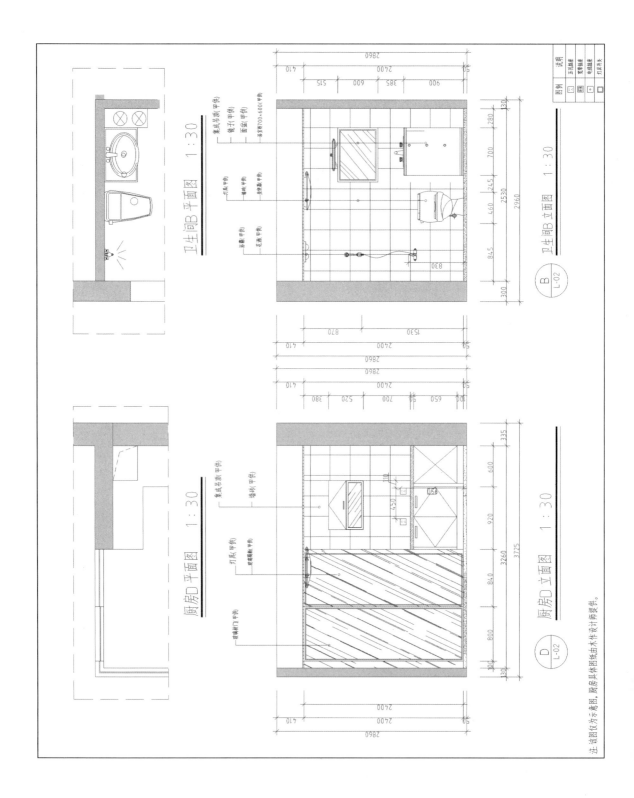

卫生间B 平面图 1：30

卫生间B 立面图 1：30

B L-02

厨房D 平面图 1：30

厨房D 立面图 1：30

D L-02

注该图仅为示意图，厨房具体图纸由木作设计师提供。

图例	说明
	弱电插座
	宽带插座
	单相插座
	灯具开关

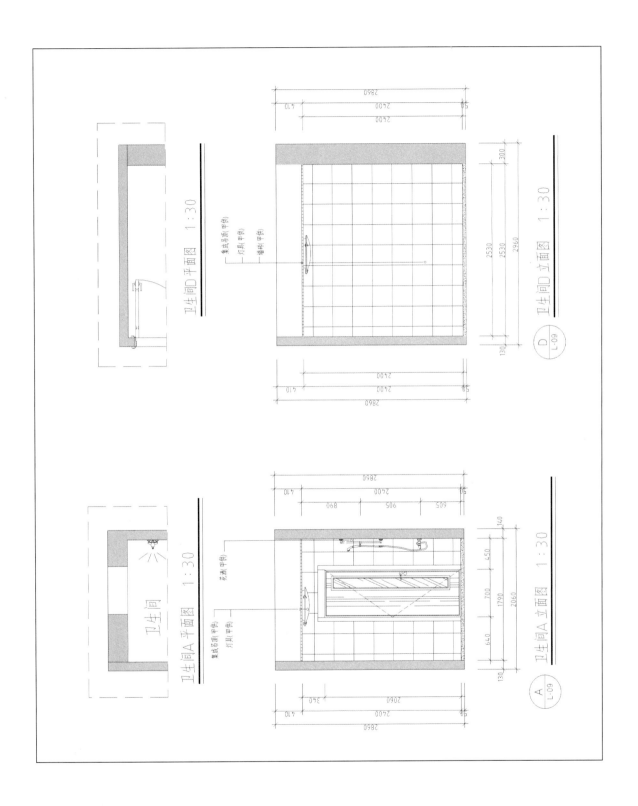

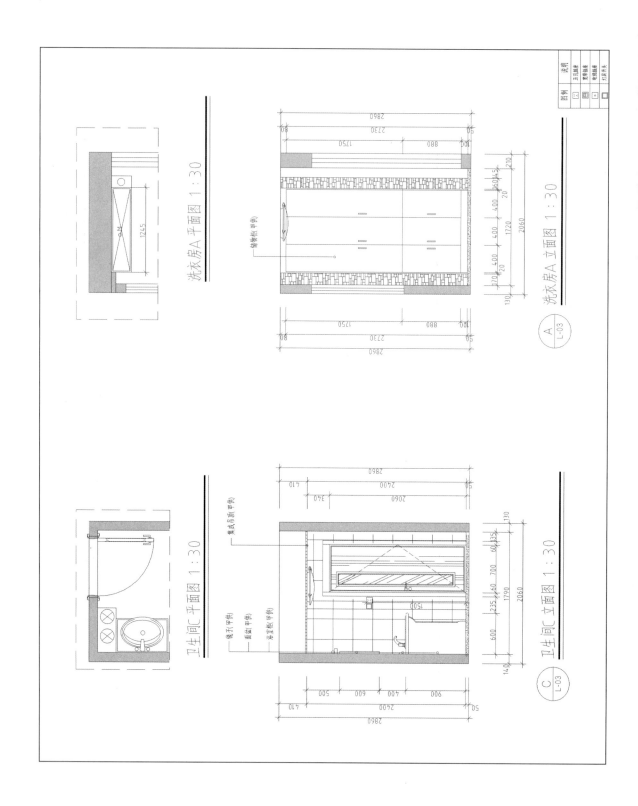

洗衣房A平面图 1：30

洗衣房A立面图 1：30

卫生间C平面图 1：30

卫生间C立面图 1：30

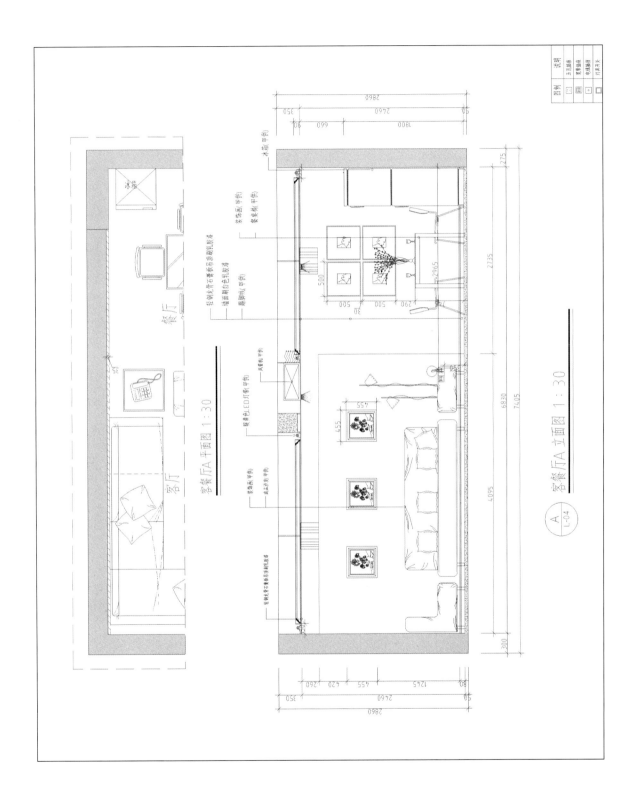

客餐厅A平面图 1：30

客餐厅A立面图 1：30

A
L-04

图例　镜面　五孔插座　圆筒　家庭插座　电视插座　灯具开关

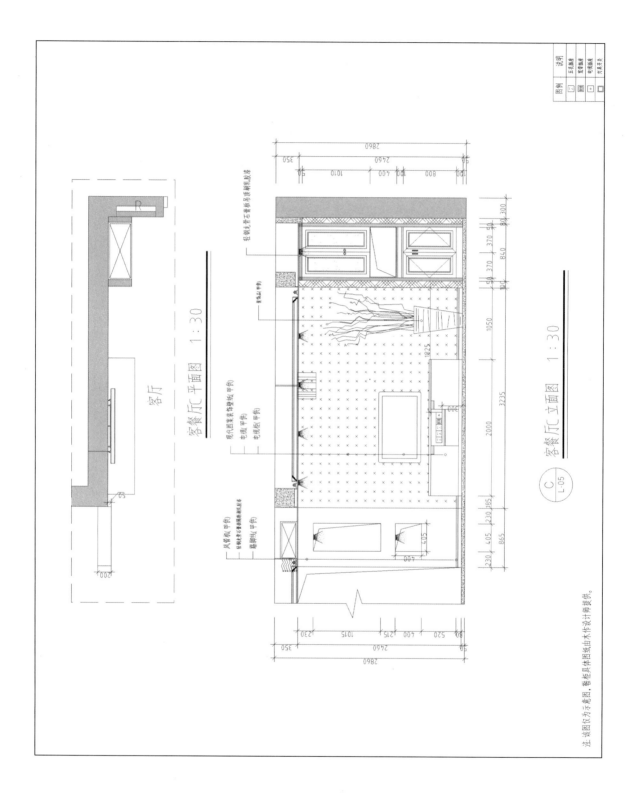

客厅

客餐厅 平面图 1:30

客餐厅立面图 1:30

C
L-05

注:该图仅为示意图,整柜具体图纸由木作设计师提供。

图例	说明
	5孔插座
	复管插座
	电视插座
	开关

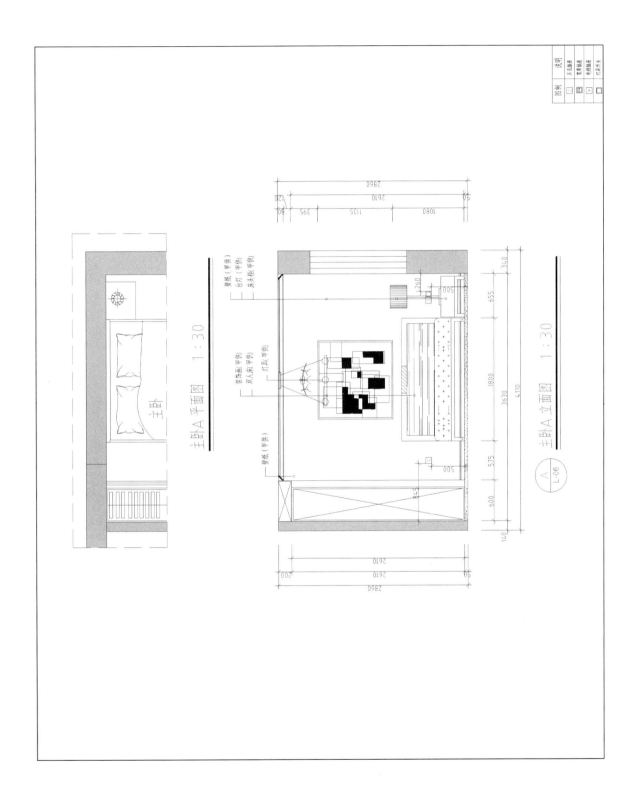

主卧A平面图 1:30

主卧A立面图 1:30

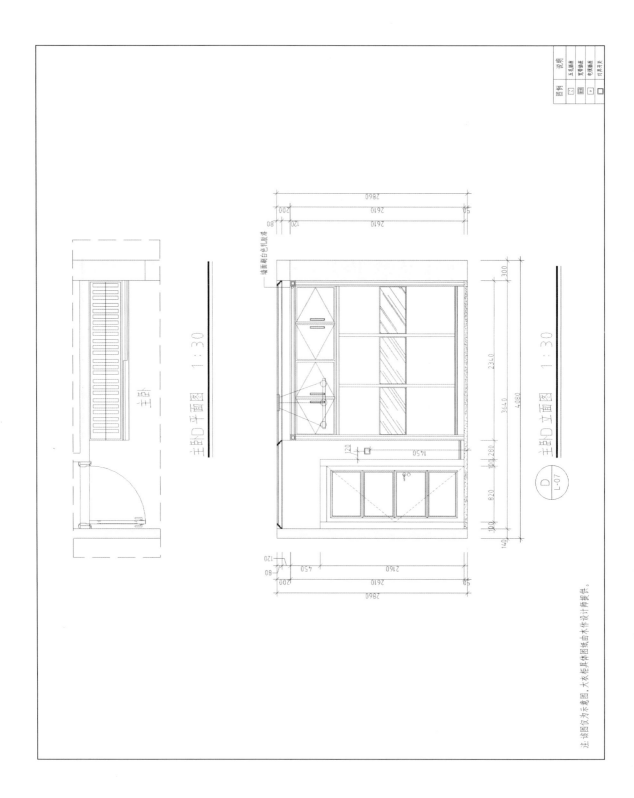

主卧D平面图　1：30

主卧D立面图　1：30

注：该图仅为示意图，大衣柜具体图纸由木作设计师提供。

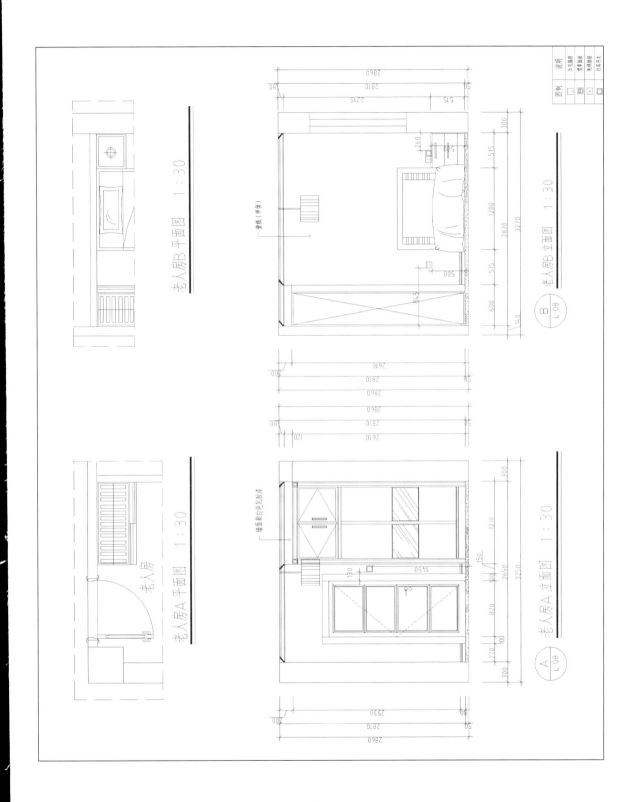

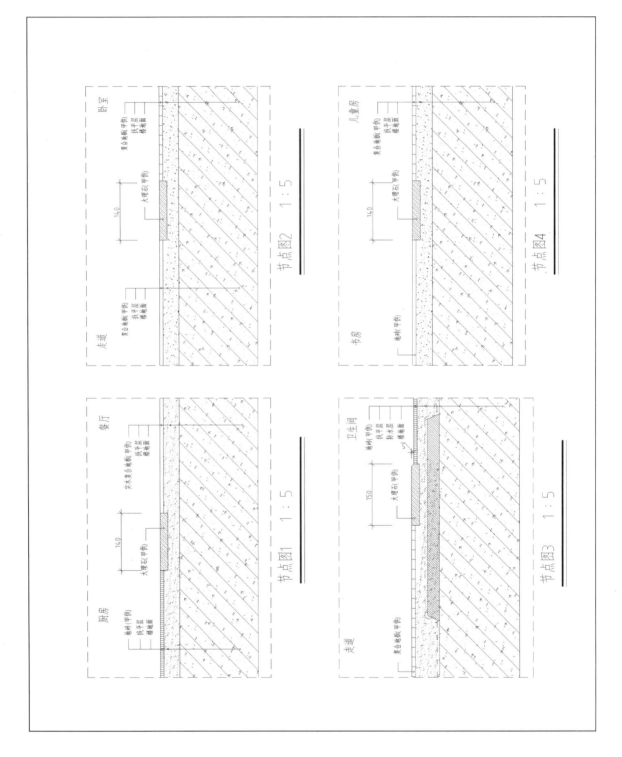